継承は創業より楽しい

アホな二代目につけるクスリ

(株)オートバックスセブン
代表取締役CEO
住野公一

東洋経済新報社

まえがき

本書は、一九九四年（平成六年）に僕がオートバックスセブンの二代目社長に就任してからの（実際にはその前からの）悪戦苦闘の歴史と、その中で感じてきたことなどをあますところなく書いたものである。

創業者であり、僕の父である先代社長・住野敏郎は、立志伝中の人物であり、高度成長時代のカリスマ型ワンマン社長そのままの人であった。自動車用品総合専門店という新業態を生み出し、「怒りの経営」と呼ばれながら今日のオートバックスの礎《いしずえ》を築いたその生き方は、まさしく「モーレツ」そのものであった。

しかし、その後を継いだ僕は、特別な人間でも何でもなく、それこそ〝カリスマ〟とはほど遠い人間だ。

そんな「アホな二代目」である僕でも、東証一部上場の二千億円企業であり、店舗数五三六店（二〇〇六年一二月現在）のグループの経営を引き継ぎ、何とか新たなステージに乗せつつある。

これは自分の力でも何でもなく、社員をはじめ多くの皆さんに助けていただいたからだと思う。本当にいろんな方から、経営上の貴重なアドバイス——本書で紹介するような「クスリ」をいただいてきた。

もちろんまだまだ「成功」にはほど遠く、発展途上にある僕だが、そうした経験は、創業者から経営を引き継いだ（もしくはこれから引き継ぐ）多くの二代目、三代目の皆さんにも共通することが多いのでないかと思う。先代と血縁関係なしに会社などを引き継ぐ立場になった人でも、事情はおおむね同じではないだろうか。

そんなことから、皆さんの参考になるかもしれないと考え、僕の経験を本書で紹介していくことにした。

「継承の時代」といわれる中、本書が、一人でも多くの事業継承者、または後継問題に直面している創業者などのお役に立てれば、筆者として望外の喜びである。

アホな二代目につけるクスリ　もくじ

Part 4 人材育成編――「自主・自発・自律」の人づくり　135

Part 6 後継者育成編――成功の秘訣は「早めの対策」 189

プロローグ

——「継承の時代」を勝ち抜け

事業継承に至るまで

二〇〇一年(平成一三年)三月。オートバックス創業者であり、僕の父である住野敏郎は、夜、南千里の自宅のソファでくつろいでいたところを急に呼吸困難に襲われた。すぐに救急車で運ばれ、そのまま緊急入院。医者の見立てによると病名は心不全で、間質性肺炎も併発していることが後にわかった。

翌朝、個室に移された敏郎は目覚めると、車の中にいるのと勘違いしたようで、

「この車は何人乗りなんや」

「いいタイヤをはいとるな」

といい、付き添っていた者に熱心に車やタイヤについて語っていた。

すでに社長職は僕が引き継ぎ、敏郎は相談役に退いていたのだが、それでも仕事に対する情熱はまったく薄れることがなかった。

三日ほどたったある日の午後、会社の若い社員たちが三人病室にいるのを見ると、敏郎は、

「これから出入橋に出かけるから起こしてくれ」

と彼らにいった。

出入橋とは会社創業の地であり、ちょうどこの直前、敏郎の希望もあって、オートバックスの事務所機能をこの地に移していたのである。

「出入橋に行く。起こせ！」

敏郎はそう繰り返すが、絶対安静が必要と伝えられている付き添いの人たちは、いわれた通りにするわけにいかない。かといって、それを敏郎に伝えることもできず、皆で互いに顔を見合わせていると、敏郎は、

「若い者が三人もいて、なんで起こされへんのや！」

「方針を決めろや！」

と彼らを叱りつけた。

一夜明けた次の日、病状が急変し、敏郎は集中治療室へと運ばれた。そして朝方、連絡を受けて集まった人たちが見守る中で、静かに八〇年の生涯を終えた。オートバックスにとって、一つの時代が終わった瞬間だった。

カー用品総合専門店「オートバックス」の誕生

一九四八年（昭和二三年）、ちょうど僕の生まれた年に、敏郎はオートバックスの前身である「株式会社富士商会」を設立した。社員三名からのスタート。業務はカー用品・アクセサリーの卸。ワックスや洗車ブラシ、毛ばたきなどを仕入れてきて、それをトラックいっぱいに積み込み、ガソリンスタンドに卸していくのだ。

ちなみに、「富士商会」の名は富士山からとって付けられたそうだ。日本で一番高い山は富士山。日本で一番美しい山も富士山。そして、日本で一番有名な山も富士山。

「どうせやるなら何事も一番にならなければ」

という敏郎の信条が、非常によくわかるネーミングである。

やがて、百貨店などに直営店を出し、カー用品の小売りも行うようになったので、一〇年後の一九五八年（昭和三三年）、主力業務であったガソリンスタンドへの卸部門を「富士商会」から独立させ、「大豊産業株式会社」を設立した。

以後、会社は「富士商会」と「大豊産業」の二本立ての経営で、比較的順調に発展を遂げていった。

だがそんな中、敏郎はずっと一人である悩みを抱えていた。

「いま自分たちがやっている仕事には、はたして創造性、将来性というものがあるのだろうか？」

毎日御用聞きのようにスタンドを何件も回り、注文を聞き、欠品した商品をおいてくる。業績がいくら伸びていても、そんな単調な仕事の毎日に、敏郎は我慢ができなかったのである。

「もっと働きがいのある、新しい事業をやりたい」

このとき敏郎の頭の中に漠然と浮かんでいたのは、以前アメリカに渡ったときに見た、カー用品専門店「グランドオート」の店舗の風景だった。圧倒的な規模の店内には、さまざまなカー用品が並び、そこにいけば何でも揃う。店先にはタイヤがずらりと積み上げられ、店舗の横には取り付けもできるピットが併設されている。そんなお店が日本でもできないだろうか――。

当時の日本の自動車業界では、タイヤはタイヤ屋、バッテリーは電装店、オイルはガソリンスタンド、といったように、商品ごとに流通の棲み分けがすでにでき上がっていた。当然、その壁を破ろうとすれば、メーカーをはじめ各方面からの反発を招く。敏郎が自分のアイデアを伝えると、そうしたことを危惧した役員たちは、皆こぞって、

「それは日本では無理ですよ」

と、敏郎をいさめようとした。

だが、結局敏郎は止まらなかった。

「自分のイメージ通りのお店が実現すれば、ドライバーにとってこんな便利なものはないはずだ。成功しないはずがない。世の中の人々のためにも、ここは挑戦していかなければならないんだ」

こうして、プロジェクトは周囲の反対の中、半ば強引に推し進められた。そして一九七四年（昭和四九年）一一月、大阪府大東市に、これまでにない規模の店舗と駐車場、ピットを備えたカー用品総合専門店、「オートバックス」の第一号店が誕生したのである。

「オートバックス」の名前の由来

この「オートバックス」一号店の開店を目前にしたある日、社内では「新店舗の名称をどうするか」ということで議論が紛糾していた。

それまでアイテムごとに別々の店で売られていたカー用品を、一カ所ですべてが揃い取り付けられる日本初のお店――。このコンセプトを何とかしてお客様に上手に伝えなければならなかったのだ。

まず、それなら売っているものが何なのかがわからなければならない、ということで、商品の頭文字を並べる案が考え出された。

カークーラーのC
アクセサリーのA
バッテリーのB
オイルのO
タイヤのT

で、「CABOT（キャボット）」というのはどうか、となったのである。

だが敏郎には、やはりアメリカで見た「グランドオート」のイメージが根強く頭に残っていたのだろう。カー用品のお店であるということが一目でわかるように、「AUTO（オート）」の文字をどうしても店名に加えたい、という考えがあった。

そこで次に、「CABOT」をひっくり返して「TOBAC」とし、その上に「AUTO」をくっつける。「AUTO」プラス「TOBAC」で、「AUTOBAC（オートバック）」にしよう、ということになった。「AUTO」のAとUにも何か意味が欲しいということで、後付けのような形で、Aはアピール、Uはユニークの頭文字ということに決めた。皆の反応もよく、新店舗の名称は「オートバック」ということにほぼ決まりかけていたのである。

しかしそれでも敏郎には、何か奥歯に食べ物のカスがいつまでもつまっているような、そんな違和感が残っていた。

「何かを忘れているんやないか」

何事も納得するまでとことんやる性分だったから、その日は一晩中寝付くことができなかったという。そうして、空も白みはじめた明け方、

「そうだ。わしらがお客様に売るものとして最も大切にしなければならない、サー

ビスのSが抜けているやないか」

と、敏郎はついに思い当たったのである。

「AUTOBAC」の最後にサービスのSを加えて、「AUTOBACS（オートバックス）」。

　これが、開店準備ギリギリセーフの段階でようやく正式決定した、新店舗の名称だった。

　開店した店舗の入り口には、いまやコーポレートカラーとなった鮮やかなカリフォルニアオレンジに、存在感のある黒字で「AUTOBACS」と書かれた看板が、高くそびえ立った。難産だっただけに、それを見た敏郎たちの喜びも、きっとひとしおのものがあったのではないだろうか。

シアーズタワーと「願望実現」

「わしはアメリカのシアーズ＊（本文注釈２０７ページ参照）を追い抜く。オートバックスは、小売業世界一といわれるシアーズ社を追い抜く企業となるで！」

一号店誕生から二年後のある日、敏郎は朝の全体朝礼で、突然こう「宣言」した。敏郎の突然の「宣言」には慣れきっていたはずの社員たちも、これにはポカンと口を開けたまま、その意図がすぐには理解できなかった。

「シアーズって何の会社だ？」

「社長はまた突然何をいい出したんだ？」

朝礼の場には、こうした雰囲気がどこそことなく漂っていた。

アメリカのイリノイ州シカゴ、ミシガン湖のほとりには、当時世界最高の高さを誇る、「シアーズタワー」というビルが建っていた。地上四四三メートル、一一〇階建て。全米にチェーンを展開し、これから世界に広がっていこうとするシアーズ社の勢いを、まさに象徴するような建物だった。

「企業には目標が必要や。そしてその目標は、できるだけ大きく、はっきりと目に見えたほうがええ。シアーズタワーのシアーズ社が、これからのわが社の目標や」

敏郎はこう自分の真意を説明し、社員たちの士気を鼓舞したのである。

ほどなくして、オートバックスの全店にシアーズタワーの写真がプリントして配られ、それを事務所の壁に貼るよう命ぜられた。

毎日毎日世界一のシアーズタワーの写真を眺めていれば、次第にそれが身近なものに感じられるようになり、やがて本当に、自分もそこに届くことができると思えるようになる。本気で願うようになった「願望」は、その人の「創造意識」となり、日々の営みの中で潜在能力を引き出す引き金となる――。これが敏郎時代のオートバックスの社是にも掲げられた「願望実現」の考え方だ。

シアーズ社はその後経営不振に陥ってしまい、店舗事務所に飾られたシアーズタワーの写真も、カナダ・トロントにあるCNタワーにとって代わられることになった。だが、そのように目標とするビジュアルは変化しようとも、オートバックスが世界一になるという意志はいまも変わらない。敏郎の掲げた「願望実現」の考えは、いまも脈々と社員一人一人の心の中に息づいているのである。

オートバックスの拡大とFC制の確立

敏郎の創業したカー用品総合専門店「オートバックス」は、確実にドライバーたちのニーズをつかみ、売上げを伸ばしていった。

一号店オープンのときは、開店前から店先に行列が並び、閉店時には売上げの札束でレジが閉まらなくなったほどだったという。新たにお店を立ち上げればそれも大成功。こうして、全国からオートバックスをやりたいという声が上がってくるようになった。

最初は卸のお得意さんから頼まれ、断りきれずに看板を貸した。

名前は貸すから、そのかわり商品はウチから買って販売してください、というわけである。

こうしたことを何店か繰り返すうちに、

「このやり方はいけるんじゃないか」

ということになり、多店化のためのシステムとして本格的に取り入れていくことになった。当時としては非常に画期的だった、オートバックスのフランチャイズチェン（FC）*（本文注釈207ページ参照）システム誕生の瞬間である。

自己資金による直営店を新たに建設しようと思えば、当時でも数千万円、現在なら数億円のお金がかかってしまう。それがフランチャイズなら、人のお金で店を展開することができる。世界一を目指し、留まることを知らない勢いで成長を続けていた当時のオートバックスには、まさにうってつけのシステムだったのだ。

一九七六年（昭和五一年）には、日本フランチャイズチェーン協会に加入。全国から有志のオーナーを募り、オートバックスは各地に拡大を続けていった。一九七九年（昭和五四年）には、総店舗数は一〇〇店を超えるまでになった。

こうした中で、当初危惧したメーカーや各ショップからの反発の声が目立つようになってきた。依然、卸業務を主に行っていた大豊産業の取引先からも、「近くにオートバックスができて、ウチの売上げが落ちたやないか！」といわれ、ついには取引を中止するという店主も出てきはじめた。

そこで、それまで「富士商会」「大豊産業」「オートバックス」と三本立てで行ってきた経営を一本化することにした。こうして生まれたのが、現在の本部組織である、「株式会社オートバックスセブン」である。

創業者の「怒りの経営」

フランチャイズ方式には、各店舗の質を維持することが難しいという欠点があり、そのため高付加価値の商品を売るには向いていないのではないか、という声を聞くことがある。

だが僕も敏郎も、基本的には、

「加盟店が施策や理念をよく理解してさえいれば、フランチャイズも直営も何ら変わりない」

という考えで一致している。

敏郎はよく、

「これからのオートバックスは、全国のオーナーも含め一つの運命共同体とならなあかん」

といっていたものである。

そしてその言葉通りに、社員もフランチャイズオーナーも区別なく叱りつけた。オートバックスセブンにとっては、フランチャイズオーナーというのはいわば協業者になるわけだが、そんなことは一切お構いなしだった。チェン本部長として、容赦なく、

「お前のとこの教育はどうなっているんや！」

とやるわけである。

あのころの幹部やオーナーたちの中で、敏郎に一切怒られなかったという人は、おそらく存在しないだろう。激しく怒られ、怖れから、だれもが敏郎に「絶対服従」を誓うようになっていった。

それでも、いっていることはおおむね正しかったし、そこに、「本気で自分のことを考えてくれている」と思わせるような愛情が感じられたから、一部の離脱者をのぞいて、皆が心から敏郎に心服した。

経営が飛ぶ鳥を落とす勢いで順調に推移したことも、彼らの、「この社長についていけば間違いない」という思いをいっそう強くする結果となった。

敏郎はいわば「怒りの経営」によって自らの求心力を高め、オートバックス全体を一つにまとめていった。「独裁」「ワンマン」といわれれば、それは否定のしようのない事実だった。だが、この「怒りの経営」により、オートバックスが現在に至るまでの発展を遂げたのも、またまがうことのない事実なのである。

創業者からの継承と経営方針の転換

こうして発展を遂げていく敏郎の会社に、僕はその前身の大豊産業時代、入社した。一九七〇年（昭和四五年）のことである。

敏郎は自分の口から直接、

「お前に後を継がせる」

などといったことはなかったが、僕のほうは小さなころから、

「将来は親父の後を継いで、経営者となるんや」

と勝手に思っていた。

まだオートバックスが誕生する前の「富士商会」や「大豊産業」は、お店といっても小さなもので、僕らの家も同じ土地に店とくっついて建っていた。広さは全部で一〇〇坪くらい。その前方部分三分の一ほどを店にして、その奥に僕らは住んでいたのである。あるいはそうした環境だったから、後を継いでカー用品の仕事をやる以外の選択肢が、僕の頭の中には浮かばなかったのかもしれない。

いずれにしても、僕は会社に入社し、しばらくの間の下積み期間を経て、やがて

役員となり、副社長となった。

そして入社から数えて二四年後の一九九四年（平成六年）、敏郎の後を継ぐ形で、代表取締役社長に就任した。晴れて二代目として、事業を継承することになったのである。敏郎は会長職に就き、しばらくの間一定の影響力を保ったが、やがて、僕の要請もあって取締役相談役に退き、会社の実権はすべて社長である僕にバトンタッチされることとなった。


敏郎の死後、僕はいよいよ社長として完全に一人立ちすべく、社内に自分の経営スタイルを浸透させていこうと試みた。敏郎の「怒りの経営」に対して、僕が「笑いの経営」と呼ぶ、新しいオートバックスをつくり上げるためのスタイルである。詳しい内容については本書にて後述するが、それはいまも進行中である。

敏郎が「生涯の師」として崇拝していたタナベ経営の田辺昇一先生が、

「一部上場企業で、オートバックスほど政権交代がうまくいった企業を自分は知らない」

といっていたという話を、あるフランチャイズオーナーから聞いたことがある。

確かにわが社では、派閥争いなどの大きな混乱を起こすこともなく、比較的自然な形で敏郎から僕へと事業が継承された。経営的に見ても、全般に市場が縮小し競争激化の方向に進んでいる中で、まずまずコンスタントに利益を生み出すことができている。

よその企業のことはよくわからないし、僕自身まだまだ敏郎には到底及ばないと感じているので、

「それはいいすぎやないか」

と思うところもあるのだが、もし本当にそう思ってお褒めの言葉をいただけたのなら、これほどうれしいことはない。

現在、日本経済を支える中小企業の多くが、世代交代のタイミングを迎えていると聞く。高度成長時代に次々と会社を興し、存続させてきた偉大な創業者の多くが、ちょうど高齢化し、そろそろ後継者にバトンを渡さなければならない時期なのだろう。

だが、会社のトップというバトンを渡し、また引き継ぐというのは、運動会のリレー競走のように簡単にいくものではない。十分な準備と心構えが継ぐ側、継がせ

る側の双方に必要で、それがなければ、無用な反発や争いなどを招き、苦心して創業者が築き上げてきたものがあっという間に水泡に帰してしまう、という事態にもなりかねないのだ。

聞くところによると、現在の日本では、事業継承を機に廃業に追い込まれている企業が、大小合わせて年間七万社にものぼるという。

オートバックスセブンには幸いにしてそうしたことはなかったが、そうやって事業継承に失敗したフランチャイズオーナーの例を、僕もこれまでにいくつかこの目で見てきた。特に継ぐ側の後継者にとっては、先代が偉大な存在であればあるほど、さまざまな困難がつきまとうことになる。

僕はごくごく普通の人間で、決して父・敏郎のような「カリスマ」ではない。だが、それでも何とか、先代・敏郎のつくり上げたオートバックスをつぶすことなく、「アホな二代目」の烙印を押されることなく、ここまで無事会社を率いてくることができた。

そこで、おこがましいかぎりだが、自分自身が敏郎から事業を継承した際の経験を、二代目の皆さんにつける「クスリ」という形で、本書にてご紹介させていただだくことにした。僕なりにこれまで、「アホな二代目」と呼ばれないようにしようと自らを戒め頑張ってきたことから、『アホな二代目につけるクスリ』というタイトルにした。あくまで〝自戒〟の意味で他意はない。

いうまでもなく、本書の内容は、オートバックスの、僕と敏郎の事例であり、すべてが他の事業継承に苦しむ企業に当てはまるなどとは考えていない。ただ、「こういう考え方もあるんやないか」という僕なりの考えを、僕がオートバックスで現在進行させている「改革」の内容とともに示すことによって、そこから何らかのヒントのようなものをつかんでいただければいいのではないかと思う。

何事にも挑戦あるのみ――。これも先代・敏郎から引き継がれた、オートバックスに脈々と生き続ける精神だが、事業継承の問題も同様である。困難ではあるが、うまく事業を継承し、改革をやり遂げることができれば、二代目というのもそう悪いものではないはずだ。ある意味、創業以上にワクワクすることも多いと思う。

継承は創業よりも楽しい――。本書を読んで、そう感じてくれる二代目が現れてくれれば、こんなにうれしいことはない。

Part 1

事業継承編

——ワンマン経営の壁を突破する

二代目の極意

ワンマン経営の弊害を知れ

トップの「提案」が企業をダメにする

まずは、なぜ僕が父・敏郎の「怒りの経営」的なやり方をそのまま採らず、「笑いの経営」を目指すようになったかについて語っておくべきだろう。

先にも述べた通り、敏郎は極めて強烈な個性を持った創業者だった。

例えていうならば、一番先頭で他の車両を引っ張る機関車のようなものだった。エネルギッシュに、ものすごい馬力で、オートバックスという列車全体を牽引していく。よくも悪くも、敏郎の時代のオートバックスは、彼の存在とリーダーシップなくしてはどこに向かうこともできない、典型的なワンマン経営の組織だったのである。

フランチャイズ契約を結んでいる各店舗のオーナーたちにしても、オートバックスセブンという会社ではなく、住野敏郎という個人と契約し、忠誠を誓っているといった感じだった。

それは社員ももちろん同様。小さな部品卸業からスタートした会社を、総合カー用品の小売という分野に進出させ、業界トップの店舗数と売上げを誇るまでに育て上げたその手腕に、多くの人はどこか心酔していた部分があったのだと思う。いつしか敏郎の存在はカリスマとして一種神格化されたものとなっていった。

僕自身、入社して以来、そうした社内の雰囲気はひしひしと感じることができた。それは敏郎の偉大さを息子として痛感する瞬間でもあった。

しかし、やがて取締役の一人となり、敏郎の側近というべき当時の経営陣たちやフランチャイズのオーナーたちとひんぱんに接するようになると、

「本当にこれでいいのだろうか」

という疑問も、次第に僕の中に生まれはじめていた。

彼らを一堂に集めた役員会やオーナー会議は、まさに敏郎の独壇場。

一人で目一杯時間を使って演説し、大まかな全体の方針から、それぞれの店の商品構成といった細かい内容まで、「こうしたらどうだろうか」と敏郎が「提案」する。

だが、その場にいるほかの参加者たちにとっては、それは「提案」ではなく「命

令」だった。
「それはちょっとおかしいんじゃないか」「もっとこうしたほうがいいんじゃないか」――。心の中でそう思っていても、だれもそれを発言することができない。敏郎の「提案」に反対し、怒られることを皆恐れていたからだ。「怒りの経営」最大の弊害である。

敏郎も敏郎で、そうした役員やオーナーたちの心情を考慮して、といったようなことはあまり考えなかったようだ。多分に本人の性格的なものもあったろうが、「いままでこれでうまくやってきた」という自信から、その弊害を省みる機会を失ってしまっていたのだろう。

いつもお構いなく、一番冒頭に「ワシはこう思う」と「提案」してしまう。ほとんどの場合、彼が何かしゃべった後の会議は、その後だれも発言することのない、敏郎の「提案」内容を確認するだけの場となってしまっていた。

当然のことながら、こうした傾向はやがて社内全体へと蔓延していくことになる。主役はいつも敏郎で、あとの人間はいわれたことをただやるだけ。皆が指示待ち人間のようになってしまい、考えることをしなくなってしまう。それはそうだろ

う。下手に何かを考えて、

「お前何考えてるんや、馬鹿モン！」

などと怒鳴られるくらいなら、何も考えないほうがどう考えてもマシだ。素直にいわれたことに従って、「わかりました」といっておけばいい。

敏郎がどこまでそうした空気を感じ取っていたのかはわからないが、これがいま現在、僕が「怒りの経営」「ワンマン経営」を否定する最大の理由である。

二代目の極意

なぜ脱ワンマンの時代になったのか

個人依存で「多機能時代」は乗り越えられない

誤解のないようにいっておくと、敏郎的な「超ワンマン経営」スタイルを全否定するつもりは、僕には毛頭ない。

あれはあれで、会社を大きくし、発展させていく初期の段階においては、リーダーとして必要不可欠な要素、やり方なのだと思う。

事実、オートバックスを現在までに育て上げたのは、まぎれもなく敏郎の功績である。僕はもちろんのこと、ほかのどんな人間であれ、同じことを成し遂げようとして実際にそれができる人間は、そう多くはいない。

ただ、会社がある程度の規模となり、数人だった社員が四〇、五〇、そして何百人となっていけば、上意下達だけでは新鮮味のない閉塞感のようなものが、社内に蔓延することになってしまう。

だからこそ、一定の成功を収めた企業の二代目には、「ワンマン経営」から「脱ワンマン経営」への移行が求められるのだ。

特にオートバックスの場合には、時代の要請によって「脱ワンマン」を図らなければならないという事情もあった。

高度成長時代、自動車がようやく一般家庭にも身近な存在として浸透しはじめ、「マイカーを持つのが男の夢」などとうたわれていたころには、「総合カー用品店」オートバックスは、新たな店舗さえ出せば確実に大きな利益を上げることができた。

タイヤでもオイルでもバッテリーでも、車に必要なものはオートバックスに行けば何でも揃う。ほかに同じような事業を行う追随者が少なかったこともあり、何でも揃うというコンセプトが、新たに車を持ち、それをわが宝物のように愛するようになった多くの日本人に、広く支持されたのである。

そうした状況だから、会社としては、その一つのビジネスモデルをとことん追求しさえすれば、それでよかったのだ。

具体的には、「オートバックスをやりたい」という人とフランチャイズ契約をどんどん締結し、それぞれのオーナーに積極的に新店舗展開を奨励する。限りない拡

大路線、多店化政策——。そのころのオートバックスの年度目標は、常に、

「今年度中に全国三〇〇店舗達成」

といったようなものだった。

だが現在は、そのような時代ではない。

僕が敏郎の後を継いで社長に就任したのが一九九四年（平成六年）。その二年後、一九九六年（平成八年）には、対前年比の売上高が減少に転じはじめていた。若者の車離れ、メーカーによる車のフル装備化・ＩＴ化による改造余地の減少など、その要因はさまざまなものが考えられるが、要は、カー用品単独のマーケットというものが明らかに縮小傾向に進んでいるのである。

この状況に企業として対応していくためには、それまでのビジネスモデルにとらわれず、どんどん新しい事業や取り組みにも挑戦していかなければならない。そのときにワンマン、カリスマ型のやり方では、やはり限界が生じてしまうのである。

敏郎に怒られることを怖れ、考えることを放棄してしまっている社員。

「じゃあ新たに何をやったらええやろ」

と尋ねても、そこからアイデアはまったくといっていいほど出てこない。

「待っていれば、社長が何か思いつくだろう」

とでもいうような雰囲気だ。

その敏郎にしても、すべてにおいて万能なわけではない。やはり車という自分のフィールドをはみ出したことについては、わからないことも多い。例えば、

「PR戦略の一環として、どこどこの音楽事務所と契約を結んで……」

などという話が出てきたとしても、彼にその中身や詳細を理解することは難しかっただろう。年寄りに多機能な携帯電話の便利な使い方について、あれこれ説明するようなものだ。

便利な機能があっても自分でそれを使いこなそうという気持ちがないかぎり、新機種に変えてもそれまであった機能しか使わないということはよくあることだ。つまり自分の理解できる範疇の中だけで物事を考え、使う機能を限定してしまう。

後になってだれそれが使っていたあの機能は便利そうだから使ってみたい。お前が使ってるその機能もよさそうだから使ってみたい。

でも、「それらの機能はあなたが以前使ってた携帯にも付いてましたよ」となるのだ。

人が使っているのを見て、はじめて自分の携帯にもそれらの機能が付いていることを認識するというわけだ。

企業経営の観点にこれを当てはめると、結果として、会社の採る新戦略というものも、既存の枠組みを越えることのないありきたりのものに終始してしまうことになる。これが一人の個人に依存した「ワンマン経営」の限界である。

これはオートバックスに限ったことではないだろう。

一人一人が便利と思えるものを集めたものが携帯電話の機能だとするならば、多くの人の使用例を知ることによって自分にふさわしい使い方を発見できる。その次にはじめて自分はこういう機能が欲しいとなり、次の新機種の発展へとつながる。

どんな業種においても多かれ少なかれ、変化を志向し続けなければ生き残れないのが現代企業の宿命である。一本調子で、同じ機能だけを使い続け、持ち続けていればいいという時代ではもはやない。

その意味で、現代はまさに「脱ワンマン」が求められる時代といえるのではないだろうか。

自分がカリスマになろうとは思うな

「カラー」を打ち出すタイミングを見極めろ

そもそも、二代目が創業者と同じように自らのカリスマ化を図ったとしても、そんなことがそうそううまくいくわけがない。

会社を興し、発展させたのは創業者の力であって、後を継いだ二代目の功績では決してない。

経営者が思っている以上に、社員というのはそのあたりのことを明確に認識しているものだ。それすら理解せずに、例えば僕が敏郎と同じような感じで、

「お前ら何やっとんねん!」

「これはこうなんやから、黙ってこうせい!」

などとやったとしても、だれもついてはこないし、仮についてきたとしても、大きな反発を招いたに違いないだろう。

特に先代がワンマン、つまりその存在が大きければ大きいほど、後継者である二

代目の負担は大きくなる。何かにつけ比較されることになるのは免れないし、仮に先代とは違った新しいことでもやろうとすれば、

「先代のときはこうだった。だからやめたほうがいいんじゃないか」

といった意見がすかさず飛び出してくることになる。これは、一刻も早く自分のカラーを打ち出して、自らの立場を確固たるものにしたいと願う多くの二代目にとって、決して聞き心地のよいものではないだろう。

だが、あせってはいけない。特に、先代を取り巻いていた幹部クラス、番頭的な存在の人間の扱いには、十分な注意が必要だ。

僕が社長職を継いだ直接のきっかけとなったのは、敏郎が一九九四年（平成六年）の三月に腸ねん転を患ったことだった。回復は順調だったが、その年の六月の株主総会に議長として立つのは難しそうだった。当時はちょうど総会屋が社会問題となるほどに数多く存在していた時期で、何やかんやとケチを付けられるかもしれないといった危惧もあり、この株主総会を機に、僕が社長に就任することが決定したのである。

ただ、病気を患ったとはいえ敏郎はまだまだ元気だったし、年は七四歳である。

僕に社長職を譲った後は会長の座に収まり、半ば院政のようなものを敷こうとしていた節も見受けられた。

そこで、僕の中で大きな問題となったのが、敏郎の重用していた古参幹部たちの扱い方だった。

敏郎は敏郎で、自分の影響力を残すためなのか、

「古い連中も二、三人は残しとけ」

といってくるし、僕とてそう無下に彼らを扱うこともできない。

だが彼らに過剰に気を使っているようでは、自分がやるべき改革を推し進めることもかなわないし、何より社長派や会長派といった派閥争い的なものを招きかねない。本当に頭の痛い問題だった。

結論としては、我慢を重ね、世代交代のタイミングをうかがっていくしかないのだと思う。その間に彼らが納得せざるを得ないトップとしての実績を積み上げ、

「もう自分たちの時代ではないのだ」

といった思いを自然に抱かせるように仕向けるのが、二代目としてはベストなやり方なのではないだろうか。

そのためには、どんどん若い社員を登用して、社内を活性化させることだ。現在もオートバックスセブンには、若いCOO（最高執行責任者）が二人、CSO（最高経営戦略責任者）が一人いるが、若い人間がバリバリ活躍している状況を年配の人間に認識させることが大切なのだ。

決して、無理矢理肩書きを取り上げるなど、よけいな反発を招くようなやり方をしてはならない。

大切なのはバランス感覚。こび過ぎてはいけないし、かといって強権的にリーダーシップを振りかざそうとしてもいけない。

二代目が、創業者と同じような「カリスマ」を目指すのは、この点からも大きな間違いなのである。

二代目といえども権力闘争に打ち勝て

確約された将来など存在しない

会社がある程度の規模となり、いわゆる幹部クラスの人間が一〇人、二〇人というような組織になると、どうしても派閥争い、権力闘争のようなものが起こることがある。

話は少々さかのぼるが、一九八四年（昭和五九年）、オートバックスにも、一種の会社乗っ取り劇のようなものが起こったことがあった。

首謀者となったのは、労働組合の委員長を務めていた、敏郎子飼いの人間だった。頭がよく、仕事も非常にできたので、敏郎はその人物を大変重宝し、何かと目をかけていたのである。

そんな人間がいわば反旗を翻し、自分を追い出しにかかったのだから、敏郎にしてみればショックは大きかったことだろう。

自分の会社乗っ取り計画を実行するに当たり、その彼は、労働組合の委員長とい

う立場を利用して、形式上は労使紛争という形をとりながら、

「いまの社長のやり方はあまりにワンマン過ぎる」

「これから上場を目指そうというのに、こんなことでいいのか」

と周りをたきつけていった。組合員によるストライキも起こった。

会社側はそれに対し、労務問題の専門家を雇い、その委員長を解雇する方針に出る。当然、組合側には情報が漏れないよう水面下で手続きを進めた。

ところが、ここで役員陣の足並みが乱れた。

やはり敏郎のやり方に内心不満を抱いていた東京の支店長が、

「もっと自分のやり方で自由にやりたい」

といった思いからか、組合側と手を結び、すべての情報を彼らに伝えてしまったのである。

これによって組合側の反発は勢いを増し、この問題を中心になって進めていた僕の叔父は、責任をとって辞任させられる羽目になってしまった。

しばらくすると、組合側も組合側で内部の意見調整がうまくいかず、二つに分裂することとなった。委員長を中心としたそれまでの大阪の労働組合に対し、東京で

新たな第二労働組合が立ち上げられたのである。
これは会社側としては望ましい傾向だったので、しばらく成り行きを見守ってい
ると、今度は大阪の元々あるほうの組合から、
「会社が東京の動きを見過ごしているのは、ユニオンショップ協定違反だ」
として、団体交渉を要求してきた。会議室のような部屋に年寄りの役員たちを呼ん
で、内側からカギをかけ、
「二四時間でも、四八時間でも、とにかく話がつくまでとことんやりましょう」
である。
敏郎もさすがに、毎日こんな調子ではかなわんとでも思ったのだろう。ある日、
僕や叔父たちを含めた住野一族で、突然雲隠れをすることにしたのである。
結局トータルで二週間くらい続いただろうか。関西のいろいろなホテルを転々と
して、しばらくほとぼりが冷めるのを待っていたのだった。
当然、その間、敏郎から電話でいろんな指示が出ていたものの、会社は放ったら
かしの状態だ。一週間もすると、組合員の中から、
「いつまでもこんなことをしていていいのか?」

「このままでは会社自体が潰れてしまうんじゃないか？」

といった声が上がってくるようになった。

これを受けて会社側は、

「密室の団体交渉では、一般の組合員に様子が伝わらない。交渉の様子をビデオに撮影して、全員に公開するなら話し合いを再開しよう」

と提案した。

その結果、今回の騒動が労使紛争でも何でもない、一部の人間による会社乗っ取り劇にしか過ぎないことが多くの組合員に理解され、首謀者の委員長をはじめとした勢力は力を失った。

こうして、幸いにも労使紛争に名を借りた会社乗っ取り事件は未遂に終わり、何とかことなきを得たというわけだ。

長々と会社の恥部をさらしてしまったようだが、これが権力闘争というものの実態である。

当時の僕は、まだ取締役でも何でもない一社員にしか過ぎなかった。しかし、「親父の後を継ぐ」という決意はすでに子供のころから持っていたから、

「トップというのは、こうしたものを一つ一つ乗り越えていかなければならないんやなあ」

という思いを、このとき改めて鮮明に認識させられたものだ。

「自分は後継ぎだから、将来の立場は確約されている」

などと思っていては、いつ足元をすくわれるかわからない。

二代目といえども、権力争いが起こればそれに打ち勝ってやろう、というくらいの強い決意がなければ、到底全社を率いていくことなどはできないのである。

二代目の極意

自分の子飼いをまず作れ

継承の準備を怠るな

この会社乗っ取り事件を契機にして、オートバックス全体に一つの変化が起きはじめていた。カリスマの権威失墜というわけではないが、ちょうど僕と同じか少し上くらいの年齢の、取締役一歩手前くらいの中堅社員たちを中心に、

「このままではいけない」

という危機感が生まれはじめてきたのである。同時に、いつまでも敏郎や現在の幹部たちに任せっきりにはしておけない、早く次の自分たちの時代を作らなければ、と思うようにもなってきた。そして、その連中に担ぎ上げられたのが、ほかならぬ僕である。

「公一さん、次はあなたですよ」

といった具合で、ことあるごとに彼らは、僕の尻をたたくような言動をするようになった。

もっとも、いわれるまでもなく、自分自身かねてから十分そのつもりでいたわけではあるのだが……。

ともかくそうした経緯から、僕は比較的早い時期に、自分の〝子飼い〟ともいえる人材を確保することができた。事件の教訓から、彼らとともに労働法や会社法の勉強会を積極的に開いたり、いわゆる「飲みニケーション」でお互いの意見をぶつけあったり、といった形で、結束を深めていったのである。

ちょうどそのころ、事件の余波を収拾する意味も含めて、僕は東京支店に転勤することとなった。入社して以来、はじめて父・敏郎のもとを離れることになったのだ。そこで僕は、さっそくそうした自分を支持してくれている人間を、次々に東京に呼び寄せた。いうまでもなく、先を見越した上で、自分の周りを少しずつ固めていくためである。

トップの代替わりによる事業継承で問題を抱えるところを見ていると、多くの後継者たちは、そうした努力をあまりに怠っているような気がしてならない。要は準備不足なのだ。

オートバックスのフランチャイズオーナーたちも、いまとなってはその多くが高齢化し、二代目への代替わりが進んでいる。そうしたところの後を継ぐ新オーナーにも僕はよくいうのだが、自分の子飼いを作り、彼らを将来の中核層となる人材へと育て上げていく。そしてその中で、自分も彼らとともに成長していく——。自らの経験からいうと、これがスムーズな事業継承を行うための最大のポイントなのである。

もっとも、譲る側の先代にも問題は多い。やはり一度後継に任せると決めたならば、徹底してすべてを任せるべきなのだ。自分の率いていた幕閣全員を引きつれてスッパリ身を引き、相談役のような何か肩書き的なものは与えられるにしろ、実権は持たない。会社にも出てこないで、家で畑でもつくりながら隠居生活を楽しんでいるくらいがちょうどいいのだ。

そうでなければ、後継者がやりにくくて仕方がない。

それがわかっていてもなかなかできないことなのは、父・敏郎を見ている僕にも容易に想像がつく。特に創業者であれば、どうしたって、

「この会社は自分がつくり上げた、自分のものなのだ」

という意識を完全に捨て去ることなど不可能だろう。元々創業者になるような人種

はバイタリティーもあるから、

「いつまでも自分は現役でやれる」

と思い込みがちだし、それが彼らの生きがいになっているようなところもある。

敏郎にしても、会社にとっていいか悪いかは別として、僕がもっと会長としての実権を残してやっていれば、彼はもっと長生きしたのではないかと思っている。

しかし何といっても、会社は公器である。息子として非情といわれてしまうかもしれないが、そうわかってはいても、僕は権限委譲を推し進めないわけにはいかなかった。

「いま私情によって改革の流れをストップさせてしまえば、オートバックスはこの先どうにも立ち行かなくなってしまう」

という危機感が、僕の背中を後押ししたのだ。

早く自分のカラーを打ち出したい後継者と、いつまでも実権を握っていたい創業者——。この両者の思惑があるからこそ、事業継承というものは、どこの企業でも難しい問題となって立ちはだかるのだろう。

二代目の極意

距離的に離れるのも一つの有効な手
「親離れ」をして自由を満喫せよ

もう一つ、僕が自分を振り返って大きかったなと感じるのは、非常にいいタイミングで、父・敏郎と適度な距離をおくことができたことだ。

先ほども述べた通り、件の会社乗っ取り事件の後、僕はその後始末の意味も含めて、ほかの数人の幹部たちと東京支店へ行くことになった。そして実際に行ってみて、真っ先に、

「前任の支店長が、『自分の自由にやってみたい』と思う気持ちもわからないことはないな」

と感じたものである。それだけ東京というのは、商売のネタや情報があちこちにある、刺激的な場所なのだ。

僕のもとへも、それこそ次から次へと、面白そうな話がどこからともなく舞い込んできた。これをいちいち、

「こんな案件があるんですけど、どうでしょうか？」

などと大阪の敏郎におうかがいを立てていては、進むはずの話も前に進まない。

場合によっては、たとえ自分がやってみたいと思っても、

「お前、何そんなアホなこと考えてるんや！」

と怒鳴りつけられ、敏郎の一存で、せっかくの提案も一蹴されてしまうかもしれない。

だから内緒でやろうとする。いまは電子メールなどの発達で事情も異なっているかもしれないが、新幹線で三時間の距離に離れてしまえば、さすがに一つ一つ手に取るようにしてすべてを把握することなど当時は不可能だった。そのため、前任の支店長が大阪本社の知らないうちにどんどんことを進め、もはや後戻りのできないところまで行ってしまうこともあった。

そういうわけで僕も、自分の子飼いを含めた主要役員らを何のかんのと理由をつけて東京に呼び、少しずつ、敏郎から離れたところで自分の地盤固めを進めていったのである。

敏郎も、

「ワシも東京に行ってみようか」

といって何度か来たことはあったのだが、三日もすると大阪に戻ってしまう。

別に帰れといって僕が追い返したわけではない。マンションも用意して、

「何ならここに住んでください」

とまでいったのだが、水がどうにも合わないのか、しまいに、

「もう辛抱できへん」

などといって一人で帰ってしまうのだ。

こうなると、そのころには会社の実権的なものはほとんど、大阪から僕や若手連中のいる東京へと移行してしまっていた。

そして、それがその後の、スムーズな社長職禅譲につながっていった。社長就任後も僕は、

「東京にいなければこれからはあかんな」

という認識のもと、本社機能をそっくり移転して東京に居座ったから、やはり会長となって大阪にいた敏郎とは、適度な距離を保つことができた。

大阪から、

「何勝手なことやってんねん！」

と叱りつけられることもたまにはあったが、少なくとも、完全な院政のような形の、何をやるにしても会長次第、などといったことにはならなかった。

「ええんやったら、もう好きにやれや」

一応意見を聞いてみても、最後のほうは、もうほとんどがこれだった。

僕の場合はたまたまそのようになったのだが、いまにして思えば、地理的・物理的な意味で意識的に先代と離れるということも、事業継承を行う上では必要なことなのかもしれない。

二代目の極意

ときには「孫」も利用しよう

オフの時間のコミュニケーションを重視せよ

会社のトップとその後継者、あるいは社長と会長という立場であったとしても、やはり親子であることに変わりはない。公私混同、ずるい、などといわれてしまうかもしれないが、そういった親子の情的なものも、僕はうまく利用させてもらったように思う。

そもそも、僕以上に敏郎のほうが、会社内における「自分の息子」の存在を強く意識していたのではないだろうか。

元々僕は、大学卒業後、いったんアメリカの部品会社に就職することが内定していた。

ところが、それが卒業間際、四年生のときになって、突然反故《ほご》にされてしまったのである。敏郎との間で、

「息子をよろしく頼む」

といった約束を交わしていたその会社のオーナーが、病気をきっかけに経営全般から退いてしまったためだった。

新しく就任したオーナーには、僕の就職の話などまったく伝わっておらず、

「そんな約束は知らない」

といわれる始末。ほかに進路のあてなどなかったので、敏郎も、

「しゃあない、それならとりあえずウチに入れや」

といってくれ、そうした経緯で、僕はオートバックスセブンの前身である、大豊産業に入社することになったのだ。

入社当初、僕は貿易課に配属された。直接本人から聞いたわけではないが、おそらく敏郎の意向が働いたのだと思う。敏郎は、

「将来的に、この日本のマーケットだけでは商売するには小さすぎる。やっぱり世界に出て行かなあかん」

と、ことあるごとに話していた。その点貿易課にいれば、否応なく外国語にも接することになるし、さまざまな国際的感覚も身に付けることができる。それがきっと将来の僕のためになるに違いない——。そんな敏郎なりの配慮だったのではないだ

ろうか。

三年ほど貿易課で過ごすと、今度は、

「お前、ここ行かんか?」

と学校のパンフレットを僕に見せてきた。それは慶應義塾大学ビジネススクールのものだった。僕自身、大学の経済学部ではほとんど真面目に授業を受けていなかったので、

「このまま将来経営者になるのは、ちょっと不安やな」

という思いがあった。そこにこの話だったから、迷わず「行きます」といって、一年間通わせていただいた。

一社員からして見れば、だれに聞いても「怖い」という印象が残っているほど、敏郎は厳しい経営者であり、僕にとっても決してそれは例外ではなかった。ただ一方で、どこか頼れる、甘えられる部分を持った「親父」でもあったのである。

ときが過ぎ、僕がある程度本格的に経営に関わるようになってからも、それは基本的には変わらなかった。東京と大阪で離れてやっていたときなど、何か経営判断で意見がぶつかった際には、

「何とかやらせてくれませんか」

などといって、情に訴えかけるように敏郎を説得することもあった。

それでもダメで、二人の関係が本当に緊迫したものになったときなどは、今度は僕の子供、つまり敏郎にとっての孫を利用したりもした。入学式などの学校行事にかこつけて、

「たまには東京に来てくださいよ」

などといい、孫を介してオフの時間でのコミュニケーションを図るのである。そうすることで、仕事に戻ったとき、緊迫した雰囲気がいつの間にか和らいでいることもあったものだ。

個人差のあることで一概にいえるわけではないが、そうやって裏技的なことも試みつつ、相手をなだめすかし、自分の意見を通していくのも、悪くはないのではないかと僕は思う。

二代目の極意

「勝負」のときにはクビも覚悟で

自分を貫くことが先代越えの第一歩

子供といえば、僕が結婚を決意したときには、それまでにないほど敏郎と激しくぶつかった。

妻の好子は、東海銀行の大阪の支店で、外国為替係として窓口の受付をしていた女性だった。僕はアメリカから直接レコードを買うのが趣味だったので、レコード代の送金のためにしばしば顔を合わせる機会があった。

ある日、突然彼女から電話がかかってきた。

「すみません、おつりを多く渡してしまいました。返却に来てください」

「そっちから取りにくるのが筋やろ」

「ええ、その通りなんですが、いま席を外せないんです。おわびにお食事をごちそうしますから……」

そんなやりとりをして初デートをした。確かお好み焼き屋だったと思う。翌週には、鈴鹿へ二人で自動車レースを見に出かけていた。

僕たちの交際が敏郎に知られるには、そう時間はかからなかった。彼女と同じ銀行の行員で、うちの会社を担当していた人物に、二人で連れ立って歩いているところを見られてしまったのだ。

「すいません、うちの窓口の子が『ボン』と付き合っているみたいです……」

敏郎は僕の結婚相手をほかに考えていたらしく、烈火の如く激怒した。

「その窓から飛び降りてしまえ！」

「お前は家をとるんか、それともその女をとるんか！」

ここまでいわれて、家をとるわけにはいかなかった。腹をくくり、まずは市営住宅を見つけて住むところの算段をつけた。会社にもこのままいるわけにはいかない。

「何か新しく仕事を探さなければあかんなぁ……」

「しばらくは向こうの実家から資金を援助してもらおうか……」

はじめから他人のふんどしを当てにしたような、そんな甘えた気持ちがあったことは否定できないが、それでも、僕にとっては、はじめて敏郎に面と向かって逆らった瞬間だった。

一年間、敏郎とは一切口をきかなかった。最後にはついに向こうが折れて、一九七四年（昭和四九年）、オートバックス開業の年に僕と好子は結婚した。

それまで、敏郎の前に出ると、まるでゴジラを相手にしているかのように萎縮し、縮こまっていた僕だが、この「勝負」だけはどうしても譲るわけにはいかなかった。クビにされるのも、親子の縁を切られるのも、すべてを覚悟で立ち向かっていった。

するとどうだろう。この「事件」を境に、

「親父のいうことには逆らえない」

という暗黙の了解のようなものが、僕の中から消え去っていたのだ。

それまではいいたくてもいえなかった自分の意見を、敏郎の前で堂々といえるようになっていた。

結婚というごく私的なことではあったが、そこで逃げずに敏郎と「勝負」できたことにより、僕は一つの壁を越えたのである。

仕事についても、これはまったく同様だ。何でもかんでもむやみやたらに反抗すればいいというわけではないが、ここぞという「勝負」のときだけは、決して譲ってはいけないと思う。

相手が創業者であろうが、カリスマであろうが、はたまた自分の親父であろうが、ここ一番の「勝負」の際に自分を貫けないようでは、確固たる意志を持って会社を率いていくことはできないのではないだろうか。

Part 2

新規事業編

——変化なくして継続・発展なし

二代目の極意

継承するだけではやがて会社は滅びる

「変化」を忘れた二代目に明日はない

僕が社長に就任してから行った最大の「勝負」は、スーパーオートバックスの展開だった。一号店出店は一九九七年（平成九年）三月。千葉県長沼にオープンし、幸い、初日から多くのお客様で大盛況となった。

*（本文注釈208ページ参照）

実をいうと、この一号店のオープン前まで、内心僕はビクビクものだったのだ。

スーパーオートバックスとそれまでの従来のオートバックスの違いは、一言でいえば、単なる「カー用品総合専門店」を卒業し、お客様の「トータルカーライフをサポートするお店」を目指している点である。

スーパーオートバックスでは、車に関連して違和感のないものであれば、カー用品以外の何を売っても構わない。極端な話、僕は肉や野菜を売ってもいいのではないかと思っているくらいだ。

キャンプに行くときなどは、こうした食材の買い出しは必要不可欠である。だったら、スーパーオートバックスで、タイヤの横にでもおいておけば売れるかもしれない。

そこまではいかなくても、靴や時計は実際に一部の店舗で販売している。靴はもちろんドライビングシューズなどの車に関連したものだし、時計というのはメカやスピードへのこだわりという点で車と非常に共通点の多いものだ。

スーパーオートバックスでは、そうした基準で、カー用品以外のものをふんだんに店頭に並べている。

もちろん、カー用品自体の品揃えも充実している。カーオーディオやモータースポーツ用品といった分野では、それこそ一〇年に一個しか売れないような、マニア向けの商品なども取り揃えた。

そのほか、店舗のピットで行う車検・整備サービス、さらには中古車の販売と、とにかく車のことなら何でもやり、しかもそれがお客様の心をワクワク、ドキドキさせる、というのが、スーパーオートバックスのコンセプトなのである。

だが、この計画を打ち出した当初、社内はまさに逆風の嵐だった。

「いままで通りカー用品だけ売っていればいいじゃないか」

「それだけたくさんのものを売ろうとすれば、店舗も大型化せざるを得ない。多額の投資に見合うだけの売上げは確保できるのか」

そうした反対の声を押し切って断行した決断だけに、僕としても、

「もし失敗したら、社長職辞任も考えなければあかんな……」

くらいの覚悟を持って臨んでいた。

なぜそうまでして、スーパーオートバックスにこだわったか。

やらなければ会社に明日はないと思ったからである。

先述した通り、若者の車離れ、メーカーによる車のフル装備化などにより、カー用品単独のマーケットというのはどんどん縮小傾向にあった。バブル崩壊後で日本全体が深刻な経済不況にあったし、競合他社もどんどん進出をはじめていた。

既存店の売上げは急速に鈍化し、これ以上新店舗を出そうにも、すでにカー用品マーケットは飽和状態になっていた。敏郎がオートバックスを創業したころとは、世の中の情勢がまったく違ってきてしまっていたのである。

こうした状況は、程度の差こそあれ、ほかの産業においてもまったく同じことだろう。少子高齢化の進む日本では、今後どうやったってマーケットは縮小していか

ざるを得ない。

もはや、それまでと同じことだけをやって、同じマーケットだけで勝負し続けても、会社の売上げを伸ばせる時代ではないのだ。

世の中が変わったならば、会社も当然変わっていかなければならない。新しい戦略、新しい商品、新しいアイデアを生み出し、事業の幅を広げていかなければ、これからの時代、会社が生き残っていくことはできないと僕は思う。

二代目の極意

新事業は「七割の否定と三割の継承」を心がけよ

微妙なさじ加減、バランス感覚を磨け

僕にとっては、オートバックスはいわば敏郎の子供、スーパーオートバックスが自分の子供である。スーパーオートバックスこそがこれからの時代の流れに沿った、これからの小売業の目指すべき姿だという認識もあるし、そうでなくても、自分の子供だけにやはりかわいくて仕方がない。

だからといって、仮に僕が、

「今後全店舗をスーパーオートバックスに移行する」

と突然宣言したらどうなるだろうか。おそらく、社員もフランチャイズオーナーも、即刻大混乱に陥るだろう。

変えなければならない、変えたほうがいい。それはわかっていても、やはりすべてを一気に取り替えることなどできはしない。僕の場合でも、もし敏郎のつくり上げてきたものを全否定してしまえば、その時点で会社は「オートバックスセブン」

ではないまったくの別のものになってしまう。

それでは「継承」ではなく「創業」になってしまうのだ。

敏郎がこれまで築き上げてきた既存のオートバックスとそのブランド力を上手に生かし、それに新しいスーパーオートバックスの新奇性をうまく組み合わせて、会社全体をいい方向に引っ張っていかなければならない――。

これが、スーパーオートバックス展開を決意した際に、僕が二代目として最も熟慮したことだった。

そもそも、「スーパーオートバックス」という名称自体、「オートバックス」というネームバリューをしっかり継承したネーミングといえる。だが、お客様の目から見て、

「何だ、いままでのオートバックスと何も変わらないじゃないか」

といわれないためには、どこかで何かをひねらなければならない。

そこで僕は、千葉長沼店に続く二号店の東雲《しののめ》店からは、スーパーオートバックスのロゴに創業以来のコーポレートカラーであったオレンジ色を使用するのをやめ、赤・青・白の星条旗カラーとすることにした。

オープン一カ月前の突然の変更で、店内の壁紙なども併せて変えることになったため、社員や工事の業者はさぞ大変なことだったと思うが、結果として東雲店は、一号店をしのぐほどの大成功を収めることができた。

敏郎もまだまだ健在だったし、プロジェクトメンバーの中には、

「何やってるんや！」

と怒鳴りつけられるんじゃないかと戦々恐々としていた人間もいたようだが、新しいものを作る以上、

「オートバックスといえばオレンジ」

のイメージを打ち壊すくらいの覚悟は必要だと僕は思ったのだ。

ここでも大切になってくるのは、微妙なさじ加減、バランス感覚である。割合でいえば、ちょうど新規七割、過去の継承三割といったところだろうか。

否定するだけでも、継承するだけでも、会社はうまくいかない。

難しいところだが、同時に、それが事業継承の最も面白いところでもあるのだと思う。

二代目の極意

成熟化時代はこうやって市場を広げよ

小売業に店舗は要らない!?

新規事業を展開し、自分たちの業務の幅、市場を広げていくためには、いうまでもないことだが、それまでの既成概念を取っ払った斬新なアイデアが必要になってくる。

スーパーオートバックスにしても、

「オートバックスはカー用品を売る小売業だ」

という既成概念を捨て去ったところから、プロジェクトはスタートした。

そうして数年。カー用品、車検・整備、中古車販売。いまではこの三つが、オートバックスの三本柱ともいうべき主力事業となった。

「車検のついでにタイヤも新しいのに替えようか」

「せっかく車を買ったんだから、オートバックスでチューンアップしようか」

こういったお客様も増え、それぞれの事業のシナジー（相乗）効果も見られるようになった。

中古車販売については、自動車という大きな商品の在庫を抱えるので、それなりの面積が必要となってしまう。このため在庫投資、経営効率の面を考慮して、インターネットを利用した販売方式を採ることにした。

全国のオートバックスにコンピューター端末をおき、その端末を提携先の中古車販売企業につないで、お客様にはコンピューターの画面で車の情報を見て選んでもらうのである。コンピューター上には全国の中古車情報がつまっているため、たいていのお客様はその中から欲しい車を見つけ出すことができる。

まずはお店に足を運んでもらうというのが大前提だが、今後、こうしたコンピューターやインターネットを利用した営業方法は、ますますその有用性を増していくことだろう。

そうした経緯から、オートバックスではいま、次なる既成概念の打破という意味も込めて、「店舗の要らない小売業」にチャレンジしようと試みている。

「ものを売るにはまずお店を建てて、それから人を何人か雇って……」

というのが従来の当たり前の小売店の発想だ。だが、店舗も、何人もの従業員も、それらは本当に必要なものなのか。

僕が思うには、店舗というのは、だれがいつ何をどのくらい買いにくるかわからないので、とりあえず大量の商品を並べておくために必要なものである。もしそれらがあらかじめわかっていれば、そのお客様が商品を取りにくるときに必要なものだけを用意しておけばいいのであって、大掛かりな店舗などは必要ないことになる。間に合わせの屋台のようなものを作っておいてもいいし、トラックの荷台に積んでお客様の家まで宅配してもいい。

もちろん、フランチャイズ制というやり方を採っている以上、現実にすべての店舗をスクラップしてネット通販に切り替えるなどということはできないし、それはオートバックスという存在自体を否定することにもなってしまう。

だが、「店舗とは何のためにあるのだろうか」ということを一度真剣に考え、必要性を疑ってみるということは、これからの時代の小売業にとって非常に大切なことだと思うのだ。

商売の場に、だれも考えつかなかったような革新性を持ち込むことが知恵である――。そしてその知恵が、会社を変化させ、前進させる力となるのである。

二代目の極意

これからは「自主・自発・自律」で行こう
目指すは全員主役、全員リーダー

会社を変化させ、前進させるための知恵を社員たちから引き出すため、敏郎が亡くなった後、僕は社是をそれまでの「願望実現」から「自主・自発・自律」というものに改めた。

まず「自主」というのは、自分が主役だということ。

僕はよく「きつねうどん」のたとえ話でこのことを社員たちに説明するのだが、きつねうどんのうどんは、

「きつね『うどん』いうくらいやから、うどんが主役に決まっとる。麺こそがきつねうどんの鍵になるんや」

と主張する。

しかしスープはスープで、

「きつねうどんは汁ものなんやから、スープが主役や。よい味を作るためにはワシの活躍が大切なんや」

という。

するど揚げが、

「スープとうどんやったら、ほかのうどんと全部一緒やんか。きつねうどんをきつねうどんたらしめるのは揚げの存在や。揚げがうまいかまずいかできつねうどんが決まるんや」

と反論する。

もちろんどれが正解というものはないし、食べる人によっても感じ方はそれぞれ異なるだろう。だが、麺もスープも揚げも、皆自分が頑張っているからこの店のきつねうどんはうまいんだと思っているわけだ。この状態が、まさに僕の考える「自主」なのである。

同じように、「自発」というのは積極的に自分がリーダーシップをとること。「自発」の「発」という字には、外に向かって伸びる、盛んになる、創造するといった意味があるが、そういったものを目指して、自らが先頭に立って物事を推し進めていく姿勢。これが「自発」である。

そして最後の「自律」というのは、文字通り自分を律すること。どんな組織にもある程度の決まりごとは必要であり、会社にも就業規則というものが存在するが、こうしたものであれこれと細かいことまで取り決めなければならないのは、僕にいわせれば自分を律することのできない、程度の低い集団である。

朝九時に出社しなさい、お客様に会うときは身だしなみを整えなさい、昼ごはんは何時から何時までにとりなさい……。こういうことは、本人が自分で判断すればいい。

オートバックスでは、私も含め社員の服装も自由である。ネクタイをしているほうがフォーマルだし、お客様を迎えるにはそのほうがいいという考え方もあるが、逆に、フォーマルだとかしこまって本音の話ができないというマイナス面もある。「胸襟を開く」などというが、ネクタイを外し、シャツの第一ボタンを外し、カジュアルな格好で会談に臨んだほうが、ずっと本音で実のある話し合いができるものなのだ。

「自主・自発・自律」の考え方というのは、いうまでもなく、敏郎時代の「怒りの経営」に対する反省から生まれたものである。

社長が主役であとの人間は指示待ち、というのではなく、皆が主役、皆がリーダー。そして、皆が自分の頭で考え判断する。僕はオートバックスをそういう会社に変えたかった。

もちろん、現段階ですべてが完璧に実践されているわけではない。だが、少なくともそうした方向に向かって全体が歩みだしているということは、それだけで大きな進歩なのではないかと思う。

二代目の極意

会社を独立したプロジェクトチームの集まりにする

縦割り組織をぶっ壊せ

僕は基本的に組織否定論者である。

これは「自主・自発・自律」の考え方につながる。

いわゆるピラミッド型、ヒエラルキー型の官僚的、軍隊的組織ができ上がると、どうしてもそこに立場の上下というものが発生してしまう。社長が部門長に指示・命令し、部門長が各マネージャーに、マネージャーが現場のフロントラインにそれを下ろしていく。

こうした組織に「自主・自発・自律」は生まれない。

元々人間には、考える能力、実行する能力、情報を見たり聞いたりする能力、これらすべてが皆に同じように備わっているはずだ。家庭に帰って一個人となれば、皆が主役だからその能力を存分に発揮する。

だがそれが、会社という組織の一員となると、せっかく備わっているはずの能力

のほんの一部分しか活用しなくなってしまう。どこかで、

「自分は主役ではないから」

「指示・命令されたことだけやっておけばいいから」

という意識が働いてしまうためだ。

長く働いて、会社の中での自分のポジションが上がってくるにつれ、
といった感じで目覚めてくる人間もいるが、場合によっては死ぬまで能力を発揮す
「それじゃあぼちぼち真剣にやってみようか」

ることのないまま終わってしまう人もいる。これは会社にとっても、何よりその人自身にとっても、非常に不幸なことである。

僕の理想は、会社全体を一つの「市場《いちば》」のようなものにすることだ。

「市場」という枠組みの中に、社員一人一人がそれぞれの知恵やアイデアを持ち寄って、独立した「商店」を形成する。「市場」は「商店」に場所を貸しているだけであって、最低限のルールさえ守れば、「商店」がそこで何を売り、何をやろうが干渉はしない。

その代わり、売上げ、儲けも「商店」の頑張り次第である。頑張らない「商店」

は、早々につぶれてしまうか、ほかのもっとお客様を集めることのできる「商店」にとって代わられる。

これを実際にオートバックスセブンに取り入れるならば、数人が思い思いに集まった、独立プロジェクトチームのような形になるのだろうか。そこにはリーダーはいるのかもしれないが、上司と部下といった上下関係は存在しない。やる気と能力のある人間が必要に応じて自主的に集まって、課題解決に協力して取り組んでいく。そして会社は、その成果に応じて報酬を支払う――。

これが、僕の理想とする「カジュアル」な会社組織である。

一般に、組織が自己目的化するところに停滞は生まれるという。近年の日本の停滞は、まさに官も民も、揃って本来の目的を忘れ、組織が自己目的化したところにその原因があるといえるのではないだろうか。

管理第一、形式や慣例の助長、内部の固定化……。官僚主義の弊害などといって、これだけマイナス面が取りざたされているのに、それでも世の中は、なおもこの従来の組織のあり方を頑迷に守ろうとし続ける。株式を上場しようとすれば、証券会社の人間に、

「コーポレートガバナンス（企業統治）の観点から……」

などといわれ、むしろそうした官僚的組織を構築することを義務づけられてしまう。

創業者から事業を引き継いだ二代目などというのは、とかくそういった世の中の流れに流され、ビューロクラティック（官僚的）な方向に進みがちなものだ。おそらくそうしたほうが、株主などからの反発も免れ、何かと楽だからなのだろう。

僕とオートバックスの試みは、こうした世の中と価値観への挑戦でもある。「カジュアル」な組織がうまく根付いていけば、長期的に見て会社に大きな利益をもたらす。そしてそれが結局は、株主にも大きな利益をもたらすことになる。

モチベーションの高い「商人」たちによって、ムダのない業務が進められていくのだから、それも当然のことだろう。その意味で、もちろん最低限の内部統制は保たなければならないが、この試みは決して株主の権利などに反するものではないと、僕は思うのだ。

二代目の極意

社員に共通の目的・モチベーションを植え付けろ

自由が許される「一流」の条件とは？

「自由であれ」「創造的であれ」「常識に縛られるな」……。

そうはいっても、各人が勝手に、無原則に行動をするだけでは、結果として何も生み出さないし、創造どころか破壊をもたらしかねない。

「自主・自発・自律」にも、その根底には、社員全員に共通した目的意識のようなものが必要になってくるのだ。

ではオートバックスの場合、その共通の目的とは何なのか。

会社を儲けさせ、それによって自分の給料を上げることだろうか。そんな答えは面白くないし、仮にそうならば、その人が働く場所は別にオートバックスセブンでなくても構わないことになる。お金のためだけならば、別の選択肢はいくらでもあるのだ。

僕が、

「あなたはなぜオートバックスで働いているのですか?」
と尋ねたときに社員に期待する模範解答は、
「車好きのユートピアを創りたいから」
「世界中のドライバーを車好きにしたいから」
というものである。

実際に世界中のドライバーを車好きにするのは不可能でも、一人でも多くの人をそうさせたいと思えば、自然、お客様を喜ばせよう、お客様を満足させようという発想が生まれてくる。

別にオートバックスに限ったことではなく、世の中のすべての企業において、この考えこそが、社員が共通して持つべきもの、企業の理念としてあるべきものなのではないだろうか。

赤ん坊がニコニコ笑っているのを見て、かわいらしいと思ったり、幸せな気分になったりしない人はそういないだろう。周りを気にして照れくさかったりで、表情や態度には出さなくとも、皆心のどこかで赤ん坊の姿には安らぎを感じるものだ。

それと同じような気持ちを、お客様の笑顔に対しても感じなければならない。仕事だから、仕方ないから喜ばす、というのではダメだ。お客様の笑顔が見たいから、頑張ってあんなこともするし、こんなこともする……。

そうやって仕事に取り組める人間、そうあろうと努力を怠らない人間こそが、ビジネスマンとして一流なのであり、「自主・自発・自律」という社是の実践者としてふさわしい人物といえる。

逆に経営者としては、そうした意識を常に社員たちに植え付けていかなければならない。これが、自由で創造的な組織作りの大前提である。

「どんぶり勘定」で人をひきつけろ

効率だけで経営は語れない

お客様を喜ばせる、満足させるとの理念のもと、オートバックスでは現在、魅力ある店舗づくりに社を挙げて取り組んでいる最中だ。スーパーオートバックスの展開もまさにその一つで、

「もっとこんな商品は売ってないの？」

というお客様の声に応えるべく、商品の品揃えを充実し、

「修理はできないの？　車検はやってないの？」

という声に応えるべく、車検・整備サービスを開始した。

ここでしばしば、同業の方などから、

「そんなことをやっていて儲かりますか？」

という質問を受けるようになった。

もちろん、車検やピットサービスばかりをやっていたら儲かるわけがない。人件

費、家賃、水道光熱費、機材の減価償却費……。これらをすべてまかない、サービス工賃だけで利益を出すというのは、現状ではなかなか難しいというのが本当のところだ。

では、車検やピットサービスはやらないほうがいいのか。

そうではない。採算という意味では効率的ではないにしても、これらはお客様にとって非常に魅力的なサービスである。ならば、その魅力的なものでお客様をお店にひきつけ、そのお客様に売り場にも足を運んでもらって、タイヤやオイル、カーエレクトロニクスなどの商品で儲ければいい。

海鮮丼という、さまざまな魚介を一つのどんぶりにのせる食べ物がある。マグロ、イカ、アジ、ウニ、イクラ……。美味しそうな魚介がたっぷりのって値段は千円前後。お客様にとっては非常にお値打ち感があって、魅力的な商品だ。

だが、これをもしウニやイクラといった原価の高い食材だけで作ってしまえば、当然採算は合わず、儲けどころか赤字になってしまうだろう。それを海鮮丼は、イカやアジといった原価の安い食材と組み合わせることによって、どんぶり全体で採算がとれるよう、帳尻を合わせているのである。

これが「どんぶり勘定」、つまりマージンミックスという考え方だ。

アジやイカばかりのどんぶりでは、効率はいいかもしれないが、お客様をひきつけることはできない。同じように、ピットサービスのない、お客様にとって魅力のない店舗では、結果としてお店に足を運んでもらえず、タイヤもオイルも売れなくなってしまうことになる。

部門管理の徹底、独立採算制などというが、実用一辺倒で効率の悪いものをただ切り捨て、すべての部門に高粗利を求めていくことが、はたして現実的な経営だろうか。僕はそうは思わない。

同様に、単品商品の回転率ばかりを追い求めると、逆に店全体の回転率を落とすことになってしまう。

あるコンビニエンスストアでは、かつて「ＡＢＣ分析で死に筋カット」という経営方針があったそうだ。

どういうことかというと、例えば同じ種類の商品が三つあって、その売れ行きを分析したところ、一週間でＡ商品は一〇個、Ｂ商品は五個、Ｃ商品は一個売れていたとする。すると同社は、このＡＢＣ分析によって、効率の悪いＣ商品をカットする。それでも、AとB合わせて一五個の商品は売れるはずだ。カットしたC商品の陳列スペースには、もっと別の売れる商品をおいて、売上げもアップさせることができる。実に合理的な考え方である。

ところが現実は、三アイテムを二アイテムにしたところ、A、B合わせて一五個売れるはずの商品は一一個しか売れなくなり、結果としてお店の売上げも落ちてしまった。

経営とはそういうものなのだろう。目先の数字上の効率だけを追い求めていても、決して思った通りにことは運ばない。どこで損をし、どこで利益を取るかということを明確に把握し、部分最適ではなく全体最適を追求していくことが、お客様のためにも、ひいては会社のためにもなることだと僕は考えている。

常識を捨て自分に素直になれ

才能を知り、それを人のために発揮せよ

何度も繰り返すようだが、世間の常識、価値観というものほど、人を縛りつけ、その人の可能性をダメにするものはない。

人間とは本来、一人一人皆異なるものだ。同じものを見ても、聞いても、それぞれの感じ方や考え方は百人百様であるはず。世間の常識、価値観というものは、あくまでその平均値にしか過ぎないものである。

だが、どうしても人はそれに縛られてしまう。

「自分の仕事はこれをすることだ」

と仕事の範囲を固定的、限定的なものに決めつけ、

「自分はこういう人間なんだ」

と、しまいには自らまでを誤った方向に決めつけてしまう。これでは、革新者として新しいものをつくりだすことなどできはしない。

世の中には、

「自分なりの価値観を大切にしろ」

というと、

「それが何だかわからない」

と答える人もいる。そういう人は、まずは自分自身の心と体に素直になってみてはどうだろうか。

お湯に触れたら熱い！

水に手を浸したら冷たい！

きれいなものを見たら美しい！

これはほんの小さな例えだが、そういうふうに、物事に対して自分の心や体がどのように感じたのかを知ることだ。ひいては、それが自分自身を知ることにもつながっていく。

カリスマの呪縛から解放された二代目には、そのように自由に考えることができるはずだ。

いや、二代目だからこそ、その重要性を理解し、実行することができるのだ。

アメリカの百貨店、ノードストローム副社長のベッツィ・サンダース氏は、次のように述べている。

「人生の意義は、自分の才能を見つけることである。人生の目的は、自分の才能を人に与えることである」

自分の才能を知り、「自主・自発・自律」によってその才能を発揮して人の役に立ったとき、人は大きな喜びを感じることができるのである。

二代目の極意

成功は「信念のマジック」が生み出す

達成は向こうからやってくる

世の中には、成功者、革新者と呼ばれる人々がいる。

中でも僕が最も感銘を受けたのは、阪急東宝グループの創始者で、「乗客は電車が創造する」という有名な言葉を残した、故小林一三《いちぞう》氏だ。

氏が現在の阪急宝塚線に当たる鉄道を開通させた当時、宝塚といえばだれも住む人のいないような大変な田舎だった。当然鉄道の乗客も少なく、採算は合わない。ここで氏は、「お客が少なければお客をつくればいい」との発想に立ち、現在の宝塚歌劇団や、郊外住宅地、百貨店、その他アミューズメント施設などを沿線に次々と建設。現在の「阪急王国」の礎《いしずえ》を築き上げたのである。

時代はまだ大正のころである。現在では私鉄経営のビジネスモデルとして当たり前になったやり方だが、当時そんなことを考えつく人間は、ほかに一人も存在しなかった。まさに、成功者、革新者と呼ぶにふさわしい代表的な人物だといえるのではないだろうか。

そしてまた、我が父・敏郎も、カー用品総合専門店というそれまでにない業態を実現し、フランチャイズ制の導入によってここまでの店舗数を全国に展開してきたという意味で、新しい市場を創造した成功者、革新者と呼ぶべき人物である。

思うに、彼ら成功者に共通するのは、確固たる自信、信念を内に持っていることではないだろうか。

人間だれしも、自分がやりたいと思うことがあり、それが成功することを願っている。だがその願いが、ある人にはかなえられ、ある人にはかなえられない。かなえられる人間には、「信念のマジック」とでもいうべき成功への強い自信、意志があり、それが彼らに底知れぬ活力やエネルギーを与えているのだ。

まだ存命のころ、敏郎はことあるごとにやかましく、「達成グセ」ということをいっていた。「達成の常連」になったら、達成は向こうからやってくるのだ、と。

引き継ぐべきものは引き継がなければならない。現代は、継承者であっても変革者でなければならない時代だ。僕も社員も、皆がこの「達成グセ」を身に付け、自信を持ち、新しい事業へのエネルギーとしていかなければならないのだ。

Part 3

社内風土編

――二代目経営成功の生命線

二代目の極意

二代目の生命線は「社内の風通しのよさ」である

「カジュアル」な組織をつくり上げろ

近年、日本では企業不祥事が相次いでいる。製品トラブル、情報漏洩、粉飾決算……。形はさまざまだが、多くの場合、不祥事の原因には「社内コミュニケーションの不足」が挙げられている。

何か現場で問題が起こっても、それが上層部に伝わらない。怒られるから、耳に入らないうちにもみ消してしまえ。知らなかったことにしておこう。自分がその担当部署を離れてしまえば、あとは知ったことではない。

社員のこんな意識が働いて、本来なら二年も三年も前に処理されるべきことが処理されないまま、現在不祥事として明るみに出てしまっているのである。

社内のコミュニケーションを活発化させ、社員の意識改革を行うためのプログラムなども、コンサルティング会社から提供されはじめているようだ。だが、自分自身の経験からいっても、人の意識を変革させるというのは、そう簡単に一朝一夕でできることではない。

まずは社内の風土を変えていく必要がある。

オートバックスもいま、「カジュアル」な社風づくりを目指しているところである。

先に述べた通り、社内での服装も自由。だが、これは「カジュアル」化のほんの形式的な一面でしかない。

僕は、「カジュアル」の本質は、

「形式より実質を重視すること」

「固定より柔軟に価値をおくこと」

「建前より本音を優先させること」

の三つにポイントがあると思っている。

こうした風土を社内に少しずつ浸透させていき、まずは不要な会議や報告書の作成、意味のない慣例や儀式的な事柄などを会社からなくしていく。そうして、より迅速でダイレクトな社員間のコミュニケーションを促していく。最終的には、誰もが思ったことを自由に発言し、互いに意見を交換できるような、風通しのよい職場をつくり上げていきたい。

残念ながら、先代・敏郎の時代には、こうした雰囲気は社内に生まれようもなかった。「怒りの経営」によって、多くの社員が敏郎の顔色をうかがうばかりになってしまっていたからだ。それでもこれまでオートバックスに大きな不祥事が生じなかったのは、おそらく敏郎のたぐいまれなるリーダーシップと経営手腕によるところが大きいのだろう。

だが、僕は決してカリスマなどではない。社内のすべてが見えているわけではないし、まして、現場に至るまでのすべてを自分で管理し、統率することなどは到底不可能である。だからこそ、スムーズに下からの報告が伝わり、また、下からの意見を吸い上げることができるような仕組みづくりを、早急に進めていかなければならないのだ。

企業不祥事というのは、起こってしまえば、その企業のブランド価値を大きく下げ、社会の信頼を損ね、その後の存立すらも危うくしてしまうものだ。「風通しのよい会社づくり」は、二代目にとってはまさに生命線ともいうべき大切な仕事なのである。

社長室が本当に必要かどうか考えよう

「タコツボ」「コナシ一族」を排除せよ

二〇〇四年（平成一六年）一〇月、創業三〇周年を機に、オートバックスセブンは本社を田町（東京都港区）から豊洲《とよす》（東京都江東区）へと移転した。

最初に田町に本社を構えたときは、「これで一流企業らしいオフィスができ上がった。社員の士気も高まることやろ」などと思っていたのだが、一〇年もそのビルにいるうちに、数フロアにまたがっているためのコミュニケーションの難しさなど、本社機能としての欠点がやけに目に付くようになったのである。

そうでなくとも、とかく企業というものは、大きくなればなるほど、「ほかの部署のことには口を出しません。だから自分のところにも一切口を挟まないでください」といった、部署間の相互不可侵状態に陥りがちなものだ。組織の中での役割にとら

われ、
「自分は広報部の人間」
「自分は営業部の人間」
といったように、自らの仕事の幅を狭く規定してしまうのである。いわゆる「縦割りの弊害」だ。

与えられた、やらなければならない仕事はとりあえずこなすが、決してそれ以上のことには挑戦しようとしない。

こうした社員のことを、タコツボにこもったタコのようであることから「タコツボ」、与えられた仕事をただこなすだけであることから「コナシ一族」と、皮肉を込めて僕は呼んでいる。

豊洲移転前のオートバックスセブンには、本当にこうした「タコツボ」や「コナシ一族」が大量発生していたのだ。

その反省もあって、豊洲の新本社では、すべての部署を一フロアにおき、仕切りを取り払って社員全員の顔がお互いに見えるようにした。

これにより、単なる書類のやりとりなどだけではなく、実際に他部署の人間同士が行き来し合って、部署という垣根を越えた仕事に取り組んでくれるようになればいい。

会社の部署というのは、ちょうど野球の守備位置のようなもので、セカンド、ショート、センターなどとだいたいの守備位置は決まっていても、打球の行方によってはセカンドがショートやセンターの位置までボールを追いかけていって取る。同じように、ときに広報部の人間が人事部や営業部の分野に踏み込んでいっても、それはまったく構わないのだ。

そして、部署間の壁を取り払ったのだから、当然社長室の壁も取り払わなければならない。豊洲のオフィス＊（本文注釈208ページ参照）では、フロアの中心に僕の席があり、それを取り囲むようにして、周りにオフィサーたちの席がある。彼らが話し合っている様子や、下の人間から報告を受けている様子が手に取るように僕にもわかるし、また、僕の様子も逐一皆に伝わることになる。

オフィスの配置一つで、「風通しのいい」社風づくりも十分に可能となるのである。皆さんもよく考えてみてほしい。社長室という区切られたスペースに、社長だけが一人こもって何かをしているのが、本当に意味のあることだろうか。社長室のあの壁さえなければ、直接社長に相談できたことはなかっただろうか。

「カジュアル」の本質の一つである「形式より実質を重視すること」というのは、まさにこのようなことをいうのではないだろうか。

二代目の極意

喫煙室には意外な効用がある

トップは社員の意見に耳を傾けろ

僕は、二五歳のときに一度禁煙をしている。だが四年ほど前、中米のコスタリカへ行ったときに、一人の老人が大変うまそうに葉巻をふかしているのを見て、それ以来葉巻を吸うようになった。

本社を豊洲に移転して社長室がなくなったため、僕も葉巻を吸うときは、ほかの社員たちと同じように喫煙室に行って吸わなければならない。そこには、顔と名前、部署が僕の記憶の中で一致しなかった社員もたくさんいる。そうした社員たちが、喫煙室でお互いにタバコを吸いながら、

「社長、聞きたいことがあるんですが……」

と話しかけてきてくれるのである。

話の内容は、思わず苦笑してしまうようなとんちんかんな内容もあれば、一方で「なるほど」と思わず感心させられてしまうようなこともある。

だが、いずれにしても、管理職を通さず、直接に一社員の意見を聞けるということが、僕にはこの上なくうれしいことなのだ。

以前、ミシュランの工場を見学に行ったとき、工員とフランクに話し合っている故エドワール・ミシュランCEOの姿を見かけたことがあった。工員たちの様子を見ても、「はじめてトップにお目にかかった」という感じではない。おそらく、少なくとも月に数回はそうやって工場を回り、工員たちと話をしていたのだろう。だから、エドワール・ミシュラン氏はタイヤのことにも非常に詳しかった。

会社のトップなどという立場にいると、どうしてもどこか浮き世ばなれしたところが出てきてしまうものだ。

僕の場合なら、まず自宅と会社の間の通勤はすべて車だから、東京にいながら電車というものにほとんど乗る機会がない。昼食はほとんど本社ビルの中で済ませてしまうし、たまに会食をする機会があっても、その相手はタイヤメーカーや工場などの取引先やフランチャイズオーナーだ。いわゆる会社の「外」の世界に触れることがほとんどないのである。

それが、この喫煙室での社員たちとのコミュニケーションを通して、そうした話を聞く機会もできる。創造のための「ひらめき」を生み出す意味でも、非常に価値のあることではないか。

冗談ではなく半ば本気で、タバコを吸わない役員たちには喫煙を勧めようと思っているくらいだ。僕ほどではないにせよ、彼らの状況もおそらく似たようなものだろう。

「盗んだろう、学んだろう、取ったろう」の「商人魂」さえあれば、喫煙室のたわいのない会話からも、貴重な何かを吸い上げることができる。

では、なぜ喫煙室ならば、部下はわだかまりなく僕や上司と会話ができるのか。

同志社大学の太田肇教授の著書『お金より名誉のモチベーション論』によると、仕事をするための場所ではない、「非公式の場」である喫煙室ならば、人は社内での序列意識から解放され、互いに肩書きを棚上げしやすくなるのだという。

だからこそ、部下は地位の上下を気にせず自分の本音をぶつけられるし、聞くほうの上司も、「単なる雑談だから」という気軽さから、よけいな気取りを捨てて懐を開くことができる。

まことにもっともな意見だと僕も思う。世の中はますます禁煙の方向に進んできているが、喫煙室にはこんな意外な効用もあるのだ。

少なくとも通常のオフィスにおいては、喫煙室以外にこのような場所はほかにないのではないか。

いずれは、社内全体がこの喫煙室のような雰囲気に包まれ、喫煙者も非喫煙者も皆が一緒になり、至る場所で率直に意見を交換し合えるようになることを望みたいものである。

二代目の極意

「肩書き」は本当に必要なのか

見えない呪縛にとらわれるな

僕は、社内で人を「肩書き」で呼ぶのはやめましょうといっている。「住野社長」と僕のことを呼べば、そこには確かに敬意がこもっているのかもしれない。だが、そんなものはしょせん形式だ。

実際にはまだ社長と呼ばれることもあるが、僕は皆に、「『公ちゃん』と呼べ」といっている。いまでは社員たちも、「公一さん」「公ちゃん」とファーストネームで僕を呼ぶようになった。

この様子を見た外部の方は大変驚くようである。

ちなみに、正式な肩書きを「代表取締役社長」ではなく「代表取締役ＣＥＯ」としたのも、「社長」と呼ばれることに抵抗感があったからだ。

同じように、「○○部長」も「××マネージャー」も、「○○さん」「××さん」

とお互いに呼び合うように習慣付けている。「カジュアル」の発想で、形式や建前より本音で話し合うことを大切にしていこうという発想だ。

本音をいえば、肩書きで呼ぶのをやめるだけでなく、肩書きそのものを廃止したいと思っているほどだ。

安倍晴明の活躍を描いた小説『陰陽師』（夢枕獏著・文春文庫）の冒頭に、

「この世で一番短い呪とは、名だ」

という一節があるのだが、名前や肩書きといったものは、先ほどの部署と同じようなもので、その人の可能性を呪縛のように限定してしまうのである。

「あなたは住野公一です」

といわれると、その瞬間に僕は住野公一になる。同様に、

「あなたは社長です」

といわれると、その瞬間に僕は社長になる。もし、

「あなたはヒラ社員です」

といわれたら、僕はその瞬間からヒラ社員の気分になり、ヒラ社員としての仕事しかしようとしなくなるかもしれない。「人事部長」は人事部長の仕事、「営業マネー

ジャー」は営業マネージャーの仕事……。

皆肩書きの名称にとらわれ、その仕事のことだけしか見えなくなってしまう。これは僕の嫌いな「タコツボ」だ。そして彼らは、やがて「コナシ一族」となっていく。

まがりなりにも組織というものが残っている以上、オートバックスにも上司と部下という上下関係は存在する。

だが、上司だから皆の先頭に立ってリーダーシップを発揮しなければならないだとか、部下だから「はいはい」と上司のいうことを聞いていなければならないといったことはない。

店舗でも同じで、一番偉いとされる立場なのは当然店長だが、もし店長よりも視野が広く、行動力のある人間がいるならば、その人がリーダーシップをとればいいのではないだろうか。

実際、まだ直営店がたくさんあり、いわゆる「雇われ店長」をそこにおいていたときなどは、そのお店の実質的なリーダーは、店長ではなく長年勤めたパートのおばちゃんだったりしたものである。

二〇〇六年（平成一八年）二月に公開された映画『県庁の星』でも、織田裕二が演じるエリート公務員・野村が派遣された研修先のスーパーでは、柴咲コウが演じるパート店員・二宮がそのお店を完全に仕切っていた、という設定になっているのだが、まさにその世界である。

しかし、あくまでパートはパートだから、どんなに優秀でも彼女を店長にするわけにはいかない。

本来ならば、会社としてそういう能力のある人間を引き上げていく仕組みを整えなければならないのだが、彼女はそういったことにもとらわれず、「肩書き」に関係なく、どんどん「自発」の精神で行動を起こしてくれる。

社員皆がこの彼女のようになれば、会社はもっともっと強くなる。

二代目の極意

常に挑戦し続ける組織であれ

「商い」は「飽きない」ことが大切

ここ数年、一貫してオートバックスが取り組み続けている一つのテーマがある。それは、「女性客をよりひきつけるお店づくり」ということだ。

元来、オートバックスの主要顧客となっているのは、男性を中心とした車好きの人々、いわゆる車マニアである。だが、そうした車好きの人の数自体が減り、マーケットとして先細りの状態を迎えつつあるいま、会社としては、新しい顧客層を積極的に開拓していかなければならない。

オートバックスの場合は、その開拓すべき顧客というのが、確実に増え続けている女性ドライバーたちなのである。

車にあまり詳しくない女性ドライバーでも、ディーラーには車を購入する際に最低一度は足を運ぶ。だが、オートバックスに「どうしても行かなければならない」理由は彼女たちには存在しない。場合によっては、オートバックスが何を売っている店なのかすら知らない人たちもいるかもしれない。

そんな彼女たちでも、普段車を使用していて、不便を感じることは多かれ少なかれあるはずだ。例えば夏の暑い昼下がり、買いものを終えて駐車場に停めてある車の運転席に座ったとき。エンジンをかけ、エアコンが効いてくるまでの間、車内はまるでサウナ状態だ。

「何とかならないか」

そう思っている人たちも多いことだろう。その人にオートバックスへ足を運んでもらい、リモコンエンジンスターター*（本文注釈２０８ページ参照）を見てもらえれば、

「ああ、世の中にはこんなものもあるのか」

と思ってもらえるはずだ。

こうした判断から、女性客が気兼ねなく足を運べるようにと、女性専門店をつくってオープンさせたこともあった。だが残念ながら、四回やって四回とも失敗に終わった。女性客だけでは、どうしても損益分岐点を超えるだけの売上げを達成することができなかったのである。

かなりの金額の損失を出し、四回目でさすがに懲りて、いまでは、

「いかにして男性客を減らさずに、そこに女性客を取り込んでいくか」という方向に考え方をシフトさせているわけだが、それでも、こうした発想で新しいことにどんどん挑戦していくことは、決して悪いことではないと思っている。それどころか、現代企業にとってはむしろ必要不可欠なことといえるだろう。

どんな業種でも、変化がなければいつか必ずお客様に飽きられてしまうものだ。オートバックスも、一九七四年（昭和四九年）に第一号店をオープンして以来、多くのお客様に歓迎されてきた。だが、それから三〇年あまりが経過し、その間に少しずつ飽きられ、ここに来て売上げの鈍化という目に見える数字となって、それが現れてきたということだ。

「商い」は「飽きない」――。

全国高額納税者番付の上位に毎年入り続け、「日本一の商人」と呼ばれる斎藤一人氏も、

「商いとはお客様を飽きさせないことだ」

と述べている。

「じっと耐えてチャンスを待っていれば……」

「この不況さえ何とか乗り越えることができれば……」

などという姿勢で「待って」いても、鈍化した売上げは回復しない。

まさに氏のいう通り、商人は、

「お客様が何を求めているのか」

ということを常にキャッチしようとする姿勢を持ち続けなければならないのである。

そして、飽きるのは何もお客様だけではない。社員やフランチャイズオーナーだって、いつまでも同じことばかりをやらされていては、やがて閉塞感が生まれてきてしまう。彼らに将来への期待感、夢を与えていくためにも、

「本部は常に何か新しいことにチャレンジしている」

という姿勢を示すことが大切なのだ。

成功するか、失敗するかといったことは二の次である。失敗を恐れていては、結局どこに進むこともなく停滞してしまう。

常に挑戦し続ける「商い」をすることが、これからの時代の企業には求められているのだ。

二代目は「笑い」を利用せよ

社員と「あうんの呼吸」的コミュニケーションを築く

「笑い」には心を解放する効果があるという。ある哲学者が、

「多く笑う者は幸福である」

という言葉を残したそうだが、僕は、企業も「多く笑う企業は幸福」なのではないかと思う。笑いが多いと、社員たちの心が開かれ、自由闊達な雰囲気が生まれる。そして、その自由な雰囲気の中から「ひらめき」が生み出される。

日本には「滅《めっ》私《し》奉《ほう》公《こう》」などという言葉もあるが、「会社のために」などといつも肩に力を入れて仕事をしていても、本当の実力は発揮できないのではないか。

それよりも、社員たちにはもっとリラックスし、笑い、毎日楽しく仕事をしてほしい——。

これを僕は、ダスキン創業者・鈴木清一氏の「祈りの経営」、オートバックス創業者・住野敏郎の「怒りの経営」の向こうを張って、「笑いの経営」と呼んでいる。

あるとき、

「新事業のアイデアを皆で出し合おう」

という委員会会議を実施したところ、全員が口から泡《あわ》を飛ばすような勢いで「ああでもない、こうでもない」と議論をしはじめ、会議全体が収拾のつかない雰囲気になったことがあった。

そこで僕が、

「君ら、そんなんで本当にいいんかい（委員会）」

と、くだらない「おやじギャグ」を飛ばした。

すると、一瞬凍り付くような空気が場に流れ、その後大爆笑が起こった。

それから話し合いを再開すると、皆が見るからに冷静になっているのがわかった。本来議論すべき本質を見失いつつあった会議も、あるべきところへと軌道修正され、大変実のあるものとなっていった。

「おやじギャグ」も捨てたものではないのである。

もはや、敏郎のように一人のカリスマ型ワンマン経営者が強烈なリーダーシップを発揮し、社員を叱咤激励して引っ張っていく時代は終わった。そして、事業を引き継いだ二代目以降が、そのようなスタイルを目指してはいけないこともすでに述べた。

これからは「笑い」をどんどん経営に利用すべき時代である。

最近の漫才には、昔のように「ボケ」と「つっこみ」の役割分担が明確ではないお笑いコンビも増えてきた。元々は有名なあの「やすきよ」によって確立されたスタイルだということだが、そのときの場に応じて、互いにボケられたらつっこみ、つっこまれたらボケるというスタイルだ。

こうした「あうんの呼吸」的なコミュニケーションを、会社の経営者も役員をはじめとした社員たちとの間に築いていかなければならない。

泣いたり、ぼやいたりする漫才を経営者が披露してはダメである。

経営者自らが常に率先して「笑い」、社員たちが「笑える」雰囲気を作り上げていく必要がある。

そうした意味では、わが社が協賛している漫才の選手権「M1グランプリ」（126ページ参照）だって、経営の参考になるのだ。

二代目の極意

「非真面目」「行き当たりばったり」であれ

真面目なだけでは物事の本質は見えてこない

僕のいまやろうとしている試みは、日本の古いものの考え方に対する挑戦でもある。

組織をなくし、役職による上下関係をなくしていこうとする考えは、「目上の人を重んじろ」という儒教的な考え方に対する挑戦だし、皆を「商人」に仕立て、能力主義・成果主義をどんどん推し進めていこうというのは、戦後民主主義の中で培われてきた「平等主義」への挑戦でもある。

そしてまた、「真面目であれ」「規律正しくあれ」「画一的であれ」とする日本人の美徳意識をも、僕は強く否定する。このような風土では、他人とは違った「独創性」「ひらめき」のようなものはなかなか生まれてこないからだ。

真面目なのはもちろん悪いことではないが、あんまり真面目に過ぎると、物事を正面からしか見られなくなり、やがてそのもの自体が見えなくなってしまう。ときには、わざと他人と違った角度からものを見たり、すかして見たりして、あまのじゃくになることが、本質を知る上で大切になってくるのだ。

「不真面目であれ」

では誤解を招くし、言葉の印象も悪いから、僕は、

「非真面目であれ」

と社員たちにいっている。

「不真面目」と同じように、「行き当たりばったり」という言葉も世間ではあまりいい印象を持たれていないようだが、僕は、これももっと見直されるべき言葉ではないかと思っている。

「行き当たりばったり」とは、よくいえば「臨機応変」ということだ。

これだけ世の中の変化のスピードが早くなっている中で、一度立てた計画や方針にいつまでもこだわっていては、時代に取り残されることになってしまいかねない。

地に足をつけることは大切だが、足に根が生えて身動きが取れなくなってしまっては、元も子もないのである。ときには「朝令暮改」があってもいいのではないだ

ろうか。

会社経営において大切なのは、計画よりも断然ビジョンである。

「中期や長期の経営計画はムダである」

といったらいい過ぎだろうか。

一度決めたことをないがしろにしていいというわけでは決してないが、そのときの思いつきに任せ、臨機応変的に、より機動的に会社を運営していくことを、これからの経営者はもっと考えるべきだと思う。

商売の本質はお笑いから学べ

「M1グランプリ」だって経営の参考になる

ご存知の方も多いかもしれないが、オートバックスは二〇〇一年（平成一三年）の第一回大会以来、お笑い選手権「M1グランプリ」の特別協賛を務めさせていただいている。

「なぜトータルカーライフサービス業のオートバックスが、お笑い選手権のスポンサーを？」

という質問は、これまで何度もあらゆる人からされてきた。また当然、社内からも当初、

「何でお笑いなんだ。広告宣伝費があまっているわけでもないだろうに」

「そんなものにお金を費やすなら、もっとレース事業にでも力を入れればいいじゃないか」

といった反発・疑問の声は相次いだ。にもかかわらず、なぜスポンサーになること

にしたのか。それにはもちろん、

「何だか面白い会社だな」

と世間の人々に思ってもらいたい、というイメージ戦略的な意味もあるにはあった。だが、決してそれだけが理由ではない。

先ほども述べた通り、「笑い」というものの重要性を、僕自身が常日ごろ感じていたからである。

「M1グランプリ」という大会の企画自体も非常に新鮮で魅力的なものに思えた。主催は吉本興業だが、出場する芸人の所属は関係ない。松竹の芸人だろうが、人力舎の芸人だろうが、あるいは素人であろうが、コンビ（グループ）結成一〇年未満の人間であればだれでも出場することができる。過去の実績もまったく関係ない。優劣の判定のすべては、たった五分間のステージ上におけるパフォーマンスで決せられる……。

そうした真剣な実力勝負のお笑いを、一人のお笑い好きとして純粋に応援したいという気持ちもあった。

オートバックスの「商売」も、一瞬一瞬が真剣な実力勝負である。店舗がステー

ジで、本部がバックステージ。そうして、社員である「スター」たちがそれぞれの持ち場で、

「いかにしてお客様を喜ばせるか」

ということを考えながらものを売る。

おそらくどんな仕事でも同じだろう。喜ばせるための「道具」が違うだけで、「商売」の根本的なところは、皆お笑いと同じことなのだ。

「M1グランプリ」は、ここまで毎年開催され、二〇〇六年（平成一八年）一二月には第六回大会が開催された。テレビ中継（テレビ朝日系列）の視聴率も好調らしく、それによって社内にあった批判の声もだんだん影を潜めてきた。

だが、宣伝効果うんぬんではなく、そうした「笑いの経営」の意味、本質を理解した上でこのスポンサー事業に賛同してほしいというのが、社員たちに対する僕の本当の願いである。

二代目の極意

笑顔を大盤振る舞いできる社員を育てよ

採用基準は「読み書きそろばん、ボケ、つっこみ」

皆さんは「鏡の法則」というものをご存知だろうか。

こちらが笑顔で接すれば、相手からも笑顔が返ってくる。逆に怒りで接すれば、自分にも怒りが返ってくる――。

ごくごく簡単にいえば、これが「鏡の法則」である。

だから、「お客様を喜ばせる」仕事をしている僕たちは、常にお客様に笑顔の大盤振る舞いをしなければならない。忙しいからといって、顔をひきつらせてムスッとしたままお客様の前に立つなど論外である。ニコニコしていないなら、お客様からお金をいただくことなどできないのだ。

もっと極端なことをいえば、僕はオートバックスの店内で社員に「パフォーマンス」をしてほしいと思っている。

レジの女の子には、間を見計らってレジの上に立ち、踊ってほしい。カラオケの上手な人には、オーディオコーナーで得意の歌を披露してほしい。ピットの技術者には、タイヤや工具を利用したジャグリングのようなパフォーマンスをやって、お客様を喜ばせてほしい。冗談などではなく、本気でそう思っている。

だが、社員たちは皆、

「また公一さんが突拍子もないことをいってるな」

といった感じで、だれも本気にしてくれない。

「自主・自発・自律」の社是に従って、「やれ」と命令するようなことはしないのだが、そうした機運が自然に生まれることを密かに期待しているところである。

先述の「M1グランプリ」にも、社員たちの出場を毎年大いに奨励している。大会の規模が大きくなるにつれ数も減ってきたが、これまでの五大会で、オートバックスからは計八組の「芸人コンビ」が出場した。そのうち、「UP2（アップアップ）」というコンビ名で出場したある店舗スターー（社員のこと。155ページ参照）の二人組は、三回連続出場、うち二回が三回戦進出という実績を持っている。

こういう文字通りの「スターー」がいれば、嫌でも店舗内は盛り上がる。彼らの「話術」にひきつけられ、

「あの人がいるから、あのお店に行ってものを買おう」と思うお客様だっているに違いない。

笑いが付加価値となり、お客様に新たな楽しみ、サービスをもたらしているのだ。思えば昔の商人というものは、皆そうやって道行くお客様をひきつけ、ものを買ってもらっていたものだ。

だから、オートバックスの社員選考基準は「読み書きそろばん、ボケ、つっこみ」なのである。

店舗に限らず、職場の雰囲気というものはそこにいる社員の発する「オーラ」で決まるものだ。明るい雰囲気のところには人もどんどん寄り付くし、逆に暗い雰囲気のところからは、どんどん人が離れていってしまう。

当然のことながら、お客様も、取引先も、協力者も、そうした人々がいなければ「商売」は成り立っていかない。

誰がいい出したのかは知らないが、「笑う門には福きたる」とは本当によくいったものである。

二代目の極意

ビジネス界では「笑い」がトレンドになっている

「笑い」が「笑い」を呼び、「人」を呼ぶ

ちょっとしたスピーチでも笑いをとることが重要視されるお国柄だけあって、アメリカでは、「笑い」をビジネスの要素として取り入れる風土が、日本よりもずっと熟成されているようだ。

飛行時間一時間程度の短距離航空路線で同国内の圧倒的シェアを確保しているサウスウエスト航空という会社は、客室乗務員が破天荒なパフォーマンスで乗客を笑わせ、楽しませることで有名だ。

「このたびはサウスウエストをご利用いただきありがとうございます。またのご搭乗をお待ちいたしております」

どこの航空会社でも、到着時にアナウンスするありきたりのメッセージだが、同社の客室乗務員は、これをマイク片手に歌にしてお客様に伝える。歌が終わると、乗客たちは笑いながら拍手をする。

そのほかにも、幼児がぐずりだしたら手品を披露したり、搭乗前に乗務員が席上の荷物入れに隠れていたり、とにかく社員皆がショーマンシップにあふれているのである。「笑い」が「笑い」を呼び、「人」を呼ぶ。

同社社員の中には、

「お客として飛行機に乗ったが、会社としての考え方に感銘を受けた」

といって入社してきた社員もたくさん存在するという。おそらく、同社の飛行機に乗っているお客様も、ほとんどが彼らと同じ思いだろう。

低料金、離発着時間の正確性など、ほかにも同社が高い支持を集める理由は存在するが、「笑い」がその大きな一つの要素となっているのは、疑いようのない事実である。

また近年、日本でも業界を代表するようなＩＴ企業の人々が集まって、「笑力研究会」なるものを発足させたそうだ。ＩＰＡ（情報処理機構）のプロジェクトの一つで、落語などに通っては「笑い」の極意を研究。プロジェクトの会議室でも、大の大人が真剣に「笑う練習」をしているのだという。

営業能力の強化、社内のモチベーションアップに「笑い」を活用していきたいとの意図らしいが、こうした考えは、僕の掲げる「笑いの経営」にもそのまま通じるところが多分にあるように思う。

風邪やさまざまな病気の予防になるなど、体の免疫力を高める、医学的な「笑い」の効果も認められ、さまざまな研究の対象となっている。笑いと健康、笑いと人間関係……。ビジネス界のみならず、いま「笑い」は大きなトレンドとなってきているようだ。

大阪という街に生まれ、小さなころからお笑いを見て育ってきたという自負もある。この「笑い」を大切にする世の中の流れの先頭に立つ意気込みで、僕はこれからも「笑いの経営」をどんどん標榜し、推進していくつもりだ。

Part 4

人材育成編

――「自主・自発・自律」の人づくり

二代目の極意

社員全員を「商人」に育て上げよ

責任とやりがいが仕事の質を高める

先ほど、会社を「商店」の集まった「市場《いちば》」にしたいという話をしたが、であるならば、「商店」の担い手であるオートバックスの社員たちは、皆「商人」でなければならないことになる。

では、「商人」とサラリーマンの違いとは何か。一言でいえば、経営者としての意識を持っているか否か、ということである。「商店」の経営者である「商人」となれば、どうしたって自分のお店の売上げが気になってくる。売上げが上がれば、その分それは自分の身入りとなって跳ね返ってくるし、逆に売上げが下がれば、自分の収入もそれに合わせて減るからだ。

仮に一年も二年も売上げが落ち込み続ければ、

「このままではダメだ」

となって、必死に対策を考えるだろう。お店がつぶれてしまえば、自分の生きていく糧《かて》がなくなってしまうことになるからだ。

ところが、サラリーマンにはこれがない。成果主義だ実力主義だと何やかんややっても、やはりどこか根本のところで、

「自分は雇われている人間だ」

「自分の立場は保証されているものだ」

という意識から抜け出せないため、危機感が薄く、自ら動こうとはしない。

オートバックスセブンでも、オフィサーに対してはある種の成果主義的なことを取り入れており、彼らの給料は「仮払い」と呼んでいる。その上で、例えば年間一〇〇億円の経常利益予想だったものが、業績良好で結果として一二〇億円になったら、その予想を上回った分の二〇億円から内部留保、株主配当に回すものをのぞいて、オフィサー、社員への成果報酬という形で分配する。

逆に業績が予想を下回った場合、報酬を減らすということまではやっていないから、甘いといわれてしまえば確かにそうなのかもしれないが、いずれにしても、まだまだ皆に必死さが足りない。「商人」になりきれていないのだ。

また中には、現実に会社を切り盛りすべきトップでありながら、「商人」である

ことを忘れてしまっている人たちも存在するように思う。いわゆる財界の有名人、有力者といわれる人たちのうちにも、自分の会社が売っている商品・サービスについて正確な知識を持っていない人がいるように見える。彼らのうちのいったいどれだけの人が、お客様と直接にコミュニケーションをとる機会を少しでも設けているだろうか。

「商人」であることを忘れたトップは、ただのお飾り、管理者にしか過ぎない。日本社会に潜む大企業病の一つである。

トップから一年目の新入社員に至るまで、皆が「商人」としての責任とやりがいを持って自分の仕事に取り組むことができる――。

そういう会社が、これからの時代に生き残っていく会社だと僕は思う。

貪欲に学び取る姿勢を習慣付けろ

商売はがめつくなくては成功しない

個人であれ組織であれ、学び、成長しようとする姿勢を忘れてしまっては、それ以上の進歩、発展は望めなくなってしまう。よく、「ライバルのいいところを盗んで自分のものにしろ」などということがいわれるが、僕にいわせれば、自分も同じ商売をやっている以上、それは「商人」として当然の姿勢である。「商人」というのは、もっと「がめつく」なくてはならない。何でも、どこからでも、自分の身に付くものは決して逃さないという姿勢が大切だ。

例えば、道に一万円札が落ちていたとしたら、後で交番に届けるにしても、きっと多くの人がそれを目ざとく見つけて拾うことだろう。

だが、一万円札ではなく、一万円札がたくさんなる木の種、つまりビジネスチャンスが落ちていたらどうか。小さな種だから、普段から注意深く道を見回して歩いている人でなければ、おそらく見逃してしまうだろう。

別にキョロキョロしながら外を歩く必要はないが、そういう姿勢で、周囲の状況に注意を払い、アンテナを四方に張り巡らせていなければならない、ということである。

読書や映画鑑賞などから学ぶこともあるだろう。僕も、オートバックス創業者の息子として生まれた血筋柄か、いわゆる「商人」が身一つでのし上がっていくような成功物語が大好きで、若いころからずいぶんそうした人々の自伝的書物を読みあさったものだ。

最近では、若い人の好きなマンガもなかなかバカにしたものではない。テレビのドラマにもなった、「ドラゴン桜」（作者・三田紀房、『モーニング』連載）という、荒れはてた学校を、東大合格者を出す進学校に変えていこうとするストーリーのマンガなのだが、僕はあれが大好きで、読んでいて「なるほど」と感心させられることもしばしばだった。

「東大入試は難しい」

「普通の人間が東大に合格するのは不可能」

といった先入観を排除し、かといって破れかぶれというのでもなく、しっかりと計画を立て、周到な用意のもとチャレンジをはじめる――。そこには、組織改革のポイントが見事に描かれている。

また、論理的にもしっかりしており、きちんと取材をして製作している様子がうかがえる。あれほどの大ヒット作となったのには、やはりそれだけの理由があるのだ。まだ読んでいなかった社員たちにも、

「あのマンガは一度読んでみたらええよ」

などといってしきりに勧めていたのだが、はたして彼らは、そこから何を学び取ることができただろうか。

要するに、重要なのは「何から学ぶか」ではなく、「何を見つけ出せるか」なのであろう。同じものを見て読んでも、大きな何かをそこから学ぶことのできる人もいれば、そうでない人もいる。たとえマンガからでも、学び取ろうという意志のある人間は、しっかりとそこから何かしらの教訓をつかむことができると思う。

盗んだろう、学んだろう、取ったろう――。これが、「商人」の成功を支える「商人魂」である。

二代目の極意

常に考える習慣を身に付けさせろ

問題を明確化する「ナゼナゼ攻撃」

盗んだろう、学んだろう、取ったろうの「商人魂」を養うためにも、普段から、「これはなぜだろう?」「どうしてこうなるんだろう?」と自分に問いかけ、物事の本質を理解しようとする姿勢が、非常に重要なものとなってくる。

この「なぜ?」という問いかけをだいたい五回繰り返すことで、はじめて物事の本質というものは見えてくるのだと、常日ごろ僕はオートバックスの社員たちに説いている。

例えば、かつて朝寝坊をして遅刻してきたある女性社員がいた。その彼女に、僕はすかさず、

「なぜ遅刻したんや?」

と尋ねた。すると彼女は、

「すみません、朝起きれなくて、寝坊してしまいました」

と答える。

「じゃあなぜ寝坊したんや？　目覚ましが鳴らなかったんか？　鳴ったけど気づかんかったんか？　それとも、気づいて止めたけど、また寝てしまったんか？」

僕はここでさらに、「なぜ？」と繰り返し尋ねる。すると彼女は、どこまで話せばいいのか困ったような顔をして、しまいには、

「……すみませんでした。以後気をつけます」

といって、話を終わらそうとしてしまった。

これでは、物事の本質を理解したことにはならないのである。自分はなぜ遅刻したのか――。その原因を自分自身で納得するまで突き詰め、分析しなければ、彼女はまた遅刻を繰り返すことになるだろう。

だから僕は、間違ったことをした社員や、いいかげんな仕事をした社員に対しては、本人が自身で問題を明確に認識するまで、とことんこの「なぜ？」という問いかけを繰り返すことにしている。

「公一さんのナゼナゼ攻撃」といって、社内では密かに怖れられているようだが、別に失敗やミスをねちねちと問いつめようとしているわけではない。

いいことも悪いことも、周りのすべてのことに対して日ごろから「なぜ？」と考えることを、社員たちに習慣づけてほしいのだ。

自身で答えが出せなければ、上司や仲間にも「なぜ？」と疑問をぶつけてみればいい。

中途半端で問いかけをやめ、妥協し、失敗を延々と繰り返すような悪循環だけは、断じて避けなければならない。

「霞《かすみ》弾き」する社員をつくるな
理想は指揮者のいらないオーケストラ

僕は小さいころから音楽が好きで、楽器にはよく触れていた。

まず小学生のときにバイオリンを習ったが、これがなかなかうまく弾けない。弾けないから面白くない、面白くないから練習しない、練習しないからいつまでたってもうまく弾けない……という悪循環になってしまい、しまいにはバイオリン自体が嫌いになってしまった。

だがしばらくすると、

「また楽器をやってみたい。今度はオーケストラに入って皆で演奏してみたい」

という気持ちがわいてきて、大学入学後、僕はオーケストラに入団した。さすがにバイオリンを再びやろうという気にはなれなかったので、今度はチェロを選択した。

やっているうちに、オーケストラに属している人全員が、自分と同じように音楽が好きで入部したわけではないことに気がついた。一部の人たちは、ただ何かの部に属さなければならないと考えて、目的もなくオーケストラに入り、練習には出てこないけど、飲み会や何かの席には参加する。

当然、そうした姿勢は奏でる音楽にも表れてくることとなる。

いいオーケストラというのは、全員が自信を持って自分のパートを弾いているものだ。

「自分こそがこのオーケストラを引っ張っているんだ」

というような気概で、実に堂々と音を奏でる。

ところが僕の大学のオーケストラでは、多くの人が、弾いているのか弾いていないのかわからないような小さな音で演奏していた。ミスをしても気づかれないようにするためだ。

これを「霞《かすみ》弾き」というのである。皆が霞んで弾けば、全体も霞んでしまう。これではいい音楽ができるはずもなかった。

会社もこれとまったく同じことだ。

「弾いて間違ったら怒られるし、弾かなきゃ弾かないで怒られる」

そう思い、何となく毎日朝会社に来て、タイムカードを押し、何をするでもなくデスクで一日を過ごす。上司に怒られないように、とりあえずやらなければならない最低限の仕事だけはこなす。後はひたすら仕事をする〝ふり〟をして、目立たないよう、おとなしくしている。

こうして、往々にして多くの人は「霞弾き」社員となってしまう。

これも社是の「自主・自発・自律」に通じるところなのだが、そうではなく、「この会社を動かしているのは自分なんだ」と一人一人が思い、大きな音で演奏するようになったとき、その会社はものすごい力を発揮する会社になるのだと僕は思う。

経営者というのは、オーケストラでいえば指揮者のようなものだ。指揮者である経営者がいくら叫んでも、社員が共鳴していい音を出してくれなければ、いい仕事というものはできない。

指揮者の目立たない、指揮者がいなくても演奏ができる会社が、僕の理想とする会社である。

二代目の極意

総合力のある人材を恐れず登用せよ

メンツにこだわっては会社は滅ぶ

オートバックスにとって有用な人材とは、人事、経理、営業と一人で何でもこなすことのできる、総合力を持ったゼネラリストである。

もちろん、車検の専門家や技術者など、一部にスペシャリスト的な存在は必要となってくるが、例えていうならば、彼らはお笑いプロダクションに所属する芸人さんのようなものだ。

彼らのスケジュールを管理し、マネジメントしていく本部の人間は、やはりオールマイティーな能力を兼ね備えていなければならない。

「ゆくゆくは会社を独立したプロジェクトチームの集まりにしていきたい」という話をしたが、その考えでいけば、社内には、部署や肩書きなどといった固定化したものは存在しないことになる。

課題を発見し、その解決のために数人の人間が集まってチームを組み、自然にその中の一人がリーダーという形でチームを指揮し、問題解決の目鼻が立ったらチームは解散する。ときには一人がいくつものチームを掛け持ちして、複数の課題に取り組むこともあるだろう。こうしたフレキシビリティーのある組織作りを目指しているときに、

「いや、私はこれしかできません」

という人間ばかりでは、到底回りきらないのである。

こうしてやっていくと、有能な人間というのは思う存分その持てる能力を発揮していくことができる。どんどんいろんなことを任せられるから、ときにはトップである僕よりも、会社のことをよく理解し、多くの情報を持ち、周りの社員たちをひきつけていくことになるかもしれない。

それではトップとしての面目が立たないではないか、という人がいるかもしれないが、僕はそれならそれで一向に構わないと思っている。別にクーデターや会社乗っ取りを奨励するわけではないが、本来、「実力の一番あるもの＝トップ」となるのは、極々当たり前のことであるはずだ。

特に事業を受け継いだ二代目というのは、自分の立場を確固たるものにしようと

するあまり、こうした優秀な人材を自分からわざわざ遠ざけてしまう傾向が強いように見える。先代の番頭的な存在だった人物や、自分より若い優秀な人物などを必要以上にうるさがって、目障りなものとして排除してしまってはいないだろうか。

能力主義、実力主義を採る以上、経営者たるものは、自分のことも含め、客観的に人の能力を判断する目を養わなければならない。

またそれは、何も会社のトップだけではなく、一般の社員たちにもいえることだ。能力主義が浸透していけばいくほど、自ずと「年下の上司」や「年上の部下」という存在が日常茶飯事のものとなってくる。

そのときに、むやみに相手の感情を刺激せず、かといって遠慮をするでもなく、必要なことを適切にいい合える関係をお互いに築くことができるかどうか。

僕は自ら率先して、そうした風土をオートバックスの中につくり上げていきたいと考えている。

二代目の極意

二代目時代は命令ではなく頭で動かせ

トップの意志伝達が業務効率化のカギ

人間は同じことを行うにしても、「他人にいわれて仕方なく行う」場合と、「他人にいわれて納得して行う」場合では、その結果に「一対一・六」くらいの差が出てしまうものだといわれている。会社の仕事として、どちらが効率がいいのかはいうまでもないことだ。

若いころの自分自身を振り返ってみても、父・敏郎に、

「いいからとりあえずやれや！」

と命令されたときなどは、とりあえずやるけれども、やはりその仕事に力は入らなかった。どう考えても納得がいかず、

「いや、それは絶対に違うやろ」

と思ったときなどは、「はいはい」と返事だけしておいて先延ばし。うやむやにして結局何もしないまま済ませてしまったこともある。

そういうわけで到底批難できた立場ではないのだが、特に最近の若い人は、ただ「命令」するだけではなかなか動こうとしない。動いても、「一」どころか「〇・五」くらいのことしかやろうとしない。大きな会社に入ってくる高学歴者ならば、その傾向はなおさら顕著だ。

だから、カリスマではない、事業を継承した二代目がそうした彼らを動かそうと思ったら、仕事の意味について一つ一つをきっちりと理解、納得させることが重要になってくる。

オートバックスでは、『公ちゃんのかわら版』と題した会報誌のようなものを年一〇回刊行している。僕の近況や考えを直接自分自身の言葉で社員に伝えるための、一種のコミュニケーションツールである。

元々僕は、自分の考えをいちいちかみ砕いて説明して回るようなタイプの人間ではない。基本的に「ひらめき型」の人間で、その場で「なぜ?」と尋ねられてもきちんと説明できないということもあるし、たとえ説明できても、あえてしようとはしない。それは、社員たちにもまずは考えてほしいからだ。

「なぜ公一さんは、あのときあんなことをいったのか?」

「何だか意味がよくわからなかったけど、あれはどういうことだったのだろうか？」
「かわら版」も、あくまで押し付けではなく、そうやって考えてくれる人のフォローとなるために、という意味で発刊しているものである。

僕が理解させようとし、社員も僕の意図を理解しようとした上で、それでもわからない、納得ができないのであれば、それはそれでいい。わからないのに無理にやる必要はないと思っている。むしろ、わからないまま前に進んでしまうことのほうがよっぽど危険だ。

もはや命令だけで人を動かせる時代は終わった。

それぞれのやり方はあるにせよ、何らかの方法で、トップが自分の意志を社員たちに伝える努力をしなければ、効率のいい仕事というのはなかなかできないのではないだろうか。

二代目の極意

社員は「スター」である

レンガではなく石垣を築き上げよ

トップの意志を伝えるということが、イコール、社員をトップの色に染めるということになってはならない。それでは命令しているのと何も変わらないし、何より、「自主・自発・自律」の精神に反することとなってしまう。

組織における人材は、レンガの壁であるよりも、石垣であるべきだと僕は思う。同じ形で、同じ大きさのものが積み重なっただけのレンガは、変化にも乏しいし、案外にもろいものだ。その点、石垣は、大小、三角四角に丸、いろいろな石が集まって強固な壁をつくり上げ、それらの組み合わせによって大きな力を発揮する。

オートバックスでは、本部から現場まで、会社で働く全社員のことを「スター」と呼んでいる。有名なマリオットホテルズ・インターナショナルの社訓に、「微笑みなさい。私たちはステージに立っているのです」

というものがあるが、まさにそのように、店舗や本部というステージで光り輝く存在であってほしいという願いから、この「スター」という呼び名が付けられたのだ。

だが、皆がレンガのように均一で、同じような接客をし、同じような考え方しか持たないとしたら、彼らは本当の意味で「スター」といえるだろうか。光り輝く存在だろうか。

オートバックスにも、さまざまな勉強会や研修制度がある。財務や経営については、税理士の先生や外部のコンサルティング会社の人に来てもらって指導を仰いでいるし、現場の売り場に対しても、本部にいるその道の専門家が、商品の陳列方法などについて実例を挙げて細かく説明をしている。

しかし、それらはあくまで、

「こうしたらどうですか」

「こうしたほうがスムーズに、うまく物事が運びますよ」

という指導、助言である。

「スター」たちにとっては、本部の経営も店舗もそのすべてが「自分のステージ」なのだ。

それについて他人から「ああしろ、こうしろ」では面白くない。最後に物事を決定するのは、あくまで直接にその仕事に携わっている現場であり、「スター」一人一人――。

極論をいってしまえば、会社のルールなどはあくまで便宜的にあるものであって、絶対に守らなければならないような種類のものではないのだ。ルールを破って自分の責任でお客様に便宜をもたらすようなことは、どんどん自分の判断でやってほしい。

個性を尊重し、またそれを生かせる場所をつくってやることが、変化を生み出す土壌を育てることにもなるのである。

「学びのある失敗」はどんどん奨励せよ

重要なのは事例のケース化

個性を発揮し、「スター」であろうと積極的に仕事に取り組んでいれば、ときに失敗をしてしまうこともあるだろう。とりわけ、いままでのものを変えていこう、新しいものをつくり出していこうとするときなどには、失敗は付きもののともいえる。

もちろん失敗はないに越したことはないが、仮に、

「失敗は絶対に許さん」

という姿勢で会社が臨んでしまっては、社員たちは皆萎縮し、それこそ「霞弾き」をする人ばかりになってしまう。

そこでオートバックスでは、

「なぜ失敗に至ったのか」

「失敗の原因はどこにあったのか」

「次回への対策をどのようにするのか」などの、その失敗から学ぶべきものがあり、その失敗が本人や会社の今後のためになるのであれば、失敗をどんどん奨励することにしている。

さらにいえば、その時点では失敗であっても、長い目で見れば成功につながる価値ある行動であったと、社員全体で認め合えるような風土をつくっていきたいと考えている。

これは何も口先だけで「奨励する」などといっているのではなく、本当に、すでに先代・敏郎の時代から、オートバックスには「失敗奨励金」という制度があるのだ。

失敗して落ち込んだ社員のチャレンジ精神を称え、再び奮起させる意味も込めて、会社から金一封を贈呈する。

かつて、携帯電話がカーナビの役割をするという、ポータブルナビゲーション事業というものに取り組んだことがあって、それが大コケして会社に損害をもたらした。その事業を提案し中心となっていた人物に、この制度が適用されたことをよく覚えている。

もっとも、会社にとって本当に重要なのは、失敗をほめるかけなすかなどといったことではなく、個人の失敗を会社としての経験に昇華できるかどうかである。それができなければ、いつまでもムダが多く、同じような失敗を繰り返す企業となってしまう。

現在オートバックスでは、「オートバックスビジネススクール」なるものを社内で実施し、企業理念を社員の中に浸透させるとともに、こうした個人の成功・失敗体験の集積とケース化を図ろうとしているところだ。店舗で実際に起こったクレームの事例などもデータ化してまとめ、新人教育研修などに活用できればいいと考えている。

お役所などでは、何か失敗をするとその人に始末書を書かせることになっているようだが、あんなものにはたしてどれだけの意味があるのか。書くほうにしてみれば、どこからかひな形を引っ張ってきて、タイトルと名前のところだけを自分のものに変えれば済んでしまう話ではないか。

そんなことに時間を費やすくらいなら、失敗をいかに次に生かしていくかということを、もっと真剣に考えるべきだと思う。

Part 5

ミッション編

――〝経営の大義〟が人を動かす

二代目の極意

これからはものではなく「ワクワク」を売ろう
入場料の取れるお店を作れ

オートバックスには、

「車好きのユートピアを創ること」

「世界中のドライバーを車好きに変えること」

という二つの大義が存在する。その実現のためには、ただ単にカー用品というものを売っていてはダメだ。

先代・敏郎もよく、

「タイヤを買いにきたお客様にタイヤを売るな！」

といっていたが、僕たちの仕事というのは、まさにタイヤを通じてお客様に喜び、「ワクワク」を売ることなのである。


「トータルカーライフサービス」と銘打ってスーパーオートバックスの展開をはじめたのも、「カー用品総合専門店」という枠組みから脱却し、より幅広くお客様のニーズに応えていきたいと考えたからだ。

スーパーオートバックスの立ち上げ前、僕は計四回ほど、数人の役員たちとともにアメリカに渡った。そして、ガラヤン（スポーツ店）、インクレダブル・ユニバース（家電）、キッズワールド（玩具）、ＬＬビーンズ（アウトドア用品）といったメガストアを次々に視察して回った。

現在では売却や閉鎖に追い込まれてしまったところもあるが、それらの店を訪れたとき、その圧倒的な規模と品揃えに、僕は一人のお客として確かに「ワクワク」していた。そうして、自らの考えに対する確信をますます深めていったのである。

本場のディズニーランドにも足を運んだ。

「ディズニーランドは小売業ではなく遊園地じゃないか」

という人もいるかもしれないが、同じサービス業であることには変わりない。

また、聞いたところによると、彼らの収入はその六割超がもはやキャラクターグッズなどの物販によるものだという。本業は遊園地でも、その経営基盤は小売業にあるといっても過言ではないのだ。

そしてそのときに、ふとこんな考えが僕の頭の中をよぎった。

「ディズニーランドは、入場料を取ってお客様を入場させ、さらに遊園地の中でグッズを売って儲けている。それでもこれだけのお客様がやってくるのは、ディズニーランドという場所に『ワクワク』があるからだ。スーパーオートバックスでも、『ワクワク』を提供することで入場料が取れないだろうか?」

役員たちの猛反発にあい、結局その構想が実現することはなかったが、要は、ものを買わない人でも来るだけで楽しめるような、そういう空間にスーパーオートバックスをしようという意気込みだったということだ。

現在、千葉県柏市のかしわ沼南《しょうなん》店には、映画館を併設したスーパーオートバックスが存在する。

今後も、パチンコ店などのアミューズメント施設を取り入れた複合店をどんどん展開し、家族ぐるみで「ワクワク」できるお店づくりをしていきたい、と考えている。

二代目の極意

「遊び」が必要なときもある

モータースポーツは技術力アピールの場

業務の拡大・多角化を進めていく一方で、やはり自分たちの商売の基礎である、車のことがおろそかであってはならないと僕は考えている。

カー用品の販売はもちろん、スーパーオートバックスの展開とともに本格的にはじめた車検・整備サービス、中古車販売というものをこれから続けていくためにも、

「オートバックスに行けば、間違いのない商品を購入できる」

「車のことならオートバックスに任せておけば大丈夫だ」

という確かな信頼感を、お客様の意識の中に築いていかなければならない。

そうしたものなくして「笑い」だ「ワクワク」だなどといっても、それでは見てくれだけの虚業となってしまう。

この意味で、先代・敏郎の時代から取り組んでいるオートバックスのモータース

ポーツ活動は、「車に精通したオートバックス」という技術力をアピールするために、欠かすことのできない要素なのである。

オートバックスの名がはじめてサーキットに現れたのは、一九八二年（昭和五七年）、富士スピードウェイで開催された世界スポーツカー耐久選手権「ＷＥＣ　ｉｎ　ＪＡＰＡＮ」でのことだった。

イメージカラーであるオレンジ色のフルカラーリングの車に、若き日の鈴木亜久里《あぐり》氏が乗って走る。それ以来、オートバックスとレースは切っても切れない深い関係を築き続けてきた。

その後も全日本Ｆ２、Ｆ３選手権、ルマン、パリ・ダカールラリーなど、さまざまなカテゴリーでオートバックスカラーの車を走らせた。一九八九年（平成元年）からはＦ１にもスポンサードした。当時はちょうどＦ１ブームだったため、世間の人々の注目度も非常に高かったのではないだろうか。

だがやがて、高額のお金をかけてマシンボディの一部にロゴを描いてもらうだけのスポンサー活動に、はたしてどんな意味があるのか、という疑問の声が社内からも上がってくるようになった。

確かにオートバックスの知名度は上がるかもしれない。だが、どうせレースに参加するのであれば、単なるスポンサーとしてではなく、もっと本格的に、オートバックスとモータースポーツの関わりを顧客にアピールできるような形でやれないだろうか。

会社全体としてそのように考え、ここで一度、今後のレース活動について一から再検討することにした。

そしてその結果出した結論が、現在鈴木亜久里氏とともに行っているＡＲＴＡ《エーアールティーエー》(Autobacs Racing Team Aguri) 活動である。

「日本から世界に通用するレーサーを輩出する」という理念のもと、ＡＲＴＡは、フォーミュラ日本やＧＴ選手権のような主要カテゴリーから、ほとんど草レースに近いマイナーカテゴリーまで、幅広いレースにチームとして参戦している。

ＧＴ選手権のＧＴ三〇〇クラスでは、自社開発のオリジナルカー「ガライヤ」を走らせ、二〇〇四年（平成一六年）にはメーカーチームを差しおいて総合ランキング二位にもなった。オートバックスの技術力の高さを証明できた瞬間だ。

ドライバーも、ドイツF３でシリーズ優勝した金石年弘選手や、現在フォーミュラ日本でおなじみの本山哲選手、脇阪寿一選手などがＡＲＴＡから羽ばたいていった。

投資として考えれば確かに高くついているが、それでも、車文化を自分たちが発信しているという確かな喜びがＡＲＴＡプロジェクトにはある。

それは、単なるもの売りから脱却し、「ワクワク」を売ろうとしているいまのオートバックスの理念にも沿ったものといえる。

車好きの「道楽」といわれてしまえば、そういう側面がまったくないとはいいきれない。

しかし、許される状況にあるのなら、企業経営にもときには「遊び」が必要であると僕は思う。特に、わが社が相応に日本のモータースポーツを支援することは、ある種の義務といえるのではないだろうか。

「文化」を発信する企業になれ

モノではなく「ワクワク」を売る

車好きの人にはもっと車を極めてもらう、車が好きでないドライバーには、車の楽しさを伝えていく。これがオートバックスの使命である。

車は人の感性に訴えるマシンであり、生活をがらりと変えてくれるツールであり、人生を豊かにしてくれるパートナーである。

特にこれからは、多くの女性ドライバーをはじめとした、車種さえ知らない、車を色でしか識別できないような人に、こうした認識を持ってもらえるよう努力していかなければならない。

僕は、車には大きく分けて三つの楽しみがあると思う。一つは所有する楽しみ。もう一つは乗って走る楽しみ。そしてもう一つが、いじる楽しみだ。

所有する楽しみというのは、車を買ったことのある人ならば、おそらく皆が無条件に感じたことがあるはずだ。

新車でも中古車でも、車を買ったときのあの「ワクワク」感というのは、何にも変えがたい喜びがある。そして一刻も早く、その車で実際に道を走ってみたいと思う。これが二番目の乗って走る楽しみだ。

カーレースというのは、この乗って走る楽しみを極限のトップレベルのところでドライバーたちが体現しているものであり、オートバックスのARTAプロジェクトも、その楽しみを顧客にレースを通じて伝えていきたいという考えが、根底には存在している。

そして三番目が、いじる楽しみ。問題はここである。残念なことに、いまの日本ではこの車をいじる楽しみの余地が、メーカーの「純正品」というおしきせによってどんどん失われつつある。

内装一つをとってみても、カーナビ、オーディオ……。すべてが車本体にあらかじめ付いている。「そんなものはいらない」と思っても、付いていない車などもはやほとんど存在しない。ひどい場合には、オーディオのイコライザーに、「ポップス」「ジャズ」「クラシック」といった音域設定のパターンまでごていねいに用意されている。

「車の中で聞く音楽の音まで決まったものを押し付ける気かい！」

僕のように自分の乗る車のことはすべて自分で決定したいと考える人間にとっては、到底我慢のできない事態である。

以前、僕はＢＭＷの一九三〇年代から七〇年代までのコレクションを拝見する機会に恵まれた。ワクワク、ドキドキ、人の心にどこか憧れを抱かせるような車ばかりだった。そしてその帰り道、街を走っている車を見て、

「どれも決まりきった同じような車ばかり。世の中はなんとつまらない車ばかりになってしまったんだ」

と感じたものである。

いじる余地がなければ、いじる楽しみを感じたくても感じることができない。若者の車離れ、車好きの減少といったことが近年よくいわれているが、その責任の大部分は、こうした車をいじる楽しみを失わせる、つくる側のやり方にあると思う。

いつしか車は、多くの人の憧れの対象から、単なる道具へと成り下がってしまった。

メーカーによってつくられた車というのは決して完成品ではない。乗る人がそこ

に自分なりの好みを加えて、自分なりの車をつくり上げていくのが、本来の車の楽しみ方である。

オートバックスでは、そうした考え方をもう一度世の中に取り戻すべく努力しているところである。

近年、中古車をベースにしたオリジナルカスタムカーの注文生産も行っているが、その際には必ず、

「タイヤも、ホイールも、シートも、全部の注文を聞いてからつくりはじめる」

ということを徹底してやっている。

当然、一台の車を完成させるにもそれなりの時間がかかってしまうが、その間の様子を随時お客様にネットを通じてお知らせすることで、自分だけの車ができ上がっていく楽しみを実感してもらうこともできる。

ものを売るのではなく、「ワクワク」を売る――。オートバックスにとってそれは、失われた「車文化」をもう一度つくり上げ、発信することでもあるのだ。

お客様を味方に引き込む企業となれ

人々の意識を「啓発」せよ

この車のフル装備化、お客様に選択の余地を与えない車作りという問題を見てもわかる通り、日本の車業界というのはとにかく何かにつけメーカー主導で、お客様の視点に立ったものの考え方がイマイチ欠けている業界である。「お客様は神様である」という他業界での常識が、なぜか車業界には通用しないことがあるのだ。

マーケティングのあり方を見ても、どこのメーカーもより多くの台数を販売するため、二年、四年といった非常に短いサイクルでどんどん新車を投入する。より早くいまある車を陳腐化させ、どちらかというと消費者に車を買い替えさせようとしているように見受けられる。その影響で、日本では現在年間約二〇〇万台の車が廃棄され、大きな環境問題ともなっている。

よけいなものをくっつけるくらいなら、五〇年乗り続けられるような丈夫で素晴らしい車を作ったほうがいいと僕などは思うのだが、売上げ拡大のためか、どこのメーカーもそんなことをしようとは考えないようだ。

代替エネルギーの問題もそうで、ヨーロッパなどではあれだけディーゼル文化が根付いてきているのに、日本でそれが花開かなかったのは、燃料電池エネルギーを主体としたい主要メーカーの意向が働いたからかもしれない。

車に関わる一企業として、オートバックスは、ユーザーを味方に引き込むことにより、メーカーとは違う価値観を提供していきたい。

これは別にライバル意識とかそういったことではなく、それがお客様のためになると思うからだ。

言葉は悪いかもしれないが、現在の日本の車ユーザーたちは、まだまだ「目覚めていない」のである。メーカーのやり方を、どこか当たり前のものとして、ただすんなりと受け入れてしまっているのが現状ではないか。そうしたユーザーたちの意識を、オートバックスが「啓発」し、変化させていきたい。

例えば、「買い取りの査定に響くから」ということで、不満ながらに純正のパーツで我慢している人もいるだろう。

もし今後オートバックスが中古車の買い取り・販売業務をもっと拡大していくことができれば、そういう人たちに対して、

「ウチならパーツもプラス査定で評価できますよ」

と提案することができる。

これが、お客様のためにメーカーとは違う価値観を提供するということの意味するところだ。

そのためには、もっともっとお客様の信頼を集め、事業に共鳴していただき、多くの方に、

「オートバックス頑張れ」

といわれるようにならなければならない。

現在オートバックスでは、有料登録制の「会員カード」を発行しているが、多くの方がお金を払って会員になってくださっているのは、例えばオイル交換無料といった特典が会員になれば付いてくるからだ。

これが、仮にそういった特典なしでも成り立つようになれば、それは僕らの事業が人々に応援されていることの証明にもなる。

株券だって同じことだ。これも例えばの話だが、店舗のレジにでもオートバックスの株券を並べて、それを商品を買いに来たお客様に買ってもらえるようになれば、こんなに素晴らしいことはないだろう。オートバックスのサポーターの皆さんが株主になってくださるわけだ。

またカー用品業界全体としても、「オートアフターマーケット活性化連合」というものを結成し、業界の活性化、お客様の利便性の向上のために、歩を一つにして取り組んでいる最中である。

取り組みの内容はさまざまだが、例えば、カー用品のデザイン規格を一つに統一しようとする試みが現在行われている。これまで各メーカーごとにバラバラだったものに一定の基準を設けることで、お客様は自分の欲しい商品を、どんな車にも違和感なく、好みのままに取り付けることができるようになる。

いまはまだ試行錯誤の段階といえるが、このように各社が共に協力し、高め合いながら、お客様のためのよりよい環境づくりを進めていければと考えている。

二代目の極意

常にお客様の期待を超える満足を

「何でもやります」の姿勢を持ち続けろ

お客様の立場に立つ、お客様に満足をもたらすといっても、CS（顧客満足）ばやりのいまの時代、そんなことはどこの企業も当たり前のこととして取り組んでいるものだ。その中でお客様に、

「あそこはいいサービスをしてるね」

と感じていただくためには、

「え？　まさかそこまでやってくれるとは思わなかった」

というサプライズ（驚き）をもたらすくらいの、満足感を与えなければならない。

「○○はできないの？」と尋ねられて、「ありません」「できません」「知りません」と答えているようでは、真にお客様を満足させることなどはできない。

「お任せください。車のことなら何でもやります」

これが現代のオートバックスに求められる、また目指すべき本当のCSというも

のである。重要なのは、社員一人一人が、マニュアルにとらわれることなく、自律的に考えて動くことだ。マニュアル以上のアイデアを出し、実行することだ。

そしてそのためには、日ごろからお客様の声にしっかりと耳を傾けておかなければならない。

昔、ビジネススクールを卒業して会社に戻ってきた後、僕は本部の商品部に配属され、そこでさまざまなＰＢ商品*（本文注釈209ページ参照）をつくっていた。その中の一つがクーラント*（本文注釈209ページ参照）だ。まだ、クーラントを自分で入れる人などそういない時代だった。通常は整備工場で専門の修理工が使うものだったから、それまでに出回っていた商品は、パッケージにラベルの表示もなく、使い方の説明もなかった。

あるとき一人のお客様が、

「不凍液をください」

といって店にやってきた。僕は、

「これはクーラントといって、不凍液と同じものですよ」

と説明して手渡したのだが、そのお客様は、

「この入れものには不凍液なんてどこにも書いてないじゃないか」

といって、ついにそのクーラントを買わないで帰ってしまった。

僕は、パッケージに「クーラント（不凍液）」という表示を入れることにした。

すると今度は、

「この液体をどれくらい入れたらいいの？」

と聞いてくるお客様が増えるようになった。クーラントを入れる量というのは、気温などの使用条件によって細かく異なってくるから、一口に説明するのもなかなか難しい。

そこで、主要な都市の最低気温、車種のラジエーター容量に応じた適正量を、表にして商品に付けるようにした。こうして、ドライバーが簡単に自分で入れられるクーラントが誕生したのである。

このように、お客様の声、質問がヒントとなって、お客様を真に満足させることのできる商品・アイデアが生まれることは、結構多いものだ。

「トイレの場所を一日三回聞かれたら、表示板を見直せ」などといわれる。

結局、こうした一つ一つの小さな要望に真摯に応えていくことの積み重ねが、後にお客様を驚かすほどのサービスを生み出すもととなるようだ。

二代目の極意

お客様のいうことを何でも聞くだけがサービスではない

過剰なサービスは不公平のもと

ただ、矛盾するようだが、何でもお客様のいわれたままに「はいはい」と聞いていればいいかというと、そういうものでもないと僕は思う。

例えば、大きな音のするマフラーが欲しいといってくるお客様もいるが、現在の法律では、騒音被害につながるような大きな音のするマフラーを販売することは禁止されている。だから当然、「はいわかりました」といって売るわけにはいかないのだが、ただ売らないだけではあまりに芸がない。

「ドライバーの皆さんが大きな音を出すマフラーを使用したらどうなりますか？街は騒音だらけになり、下手をすれば車そのものが社会悪とみなされるようになってしまうでしょう？　車を愛するほかのドライバーたちのことも考えてくださいね」

といえるようでありたい。そうやってドライバーの意識をこちらから高めてさしあげることも、立派なサービスだと僕は思うのだ。

クレームに対しても同様である。アメリカなどでは近年、悪質なクレーマーにまで譲歩してしまうやりすぎのCSが、企業全体の問題となっているようだが、認められないものは認めないとはっきり意志表示できなければ、それはほかの善良なお客様に対して公平感を欠くことになってしまう。それではサービス、CSの意味をはき違えているといわざるを得ないだろう。

そのかわり、自分たちが悪いことに対しては、はっきりと悪いと認め、ご迷惑をおかけしたお客様に「色を付けて」お詫びすることがポイントだ。

クレーム処理に限らず「商売」というのは、この「色を付ける」ということが案外に大切だったりするのだ。

一パック一〇〇グラムの量《はか》り売りで、ほんの一つかみ分だけよけいに入れる。一合売りのコップ酒を器からあふれんばかりになみなみと注ぐ。そんなちょっとした心遣いに、お客様というのは非常に喜び、満足してくださるものなのである。

いずれにせよ、クレーム処理のこうした判断には迅速性が要求されるものだ。オートバックスでも、最終的な窓口として「お客様相談室」を設けてはあるが、なるべく各店舗において処理するというのが基本方針である。

そもそもクレーム処理などというものは、特に高度な知識や経験を要するものではないと僕は考えている。

大方の場合は、各人が自分の常識に照らし合わせて判断すれば、妥当な結論に落ち着くものである。あとはその対応する人間に、責任を持って判断しようという意志があるかどうか。

こうしたところで、「自主・自発・自律」の精神が問われることとなるのだ。

二代目の極意

規制と戦わずして発展はない

よけいな「おせっかい」が消費者の楽しみを奪う

オートバックスの歴史は、規制や業界の枠組みとの戦いの歴史でもある。

先代・敏郎が「カー用品総合専門店」という業態の新規事業を思いついたときも、タイヤはタイヤ屋、バッテリーは電装店、オイルはスタンドというような棲《す》み分けができ上がっていた業界の常識と戦うことが、まずは第一の課題となった。

そして敏郎は、持ち前の強い意志によって、メーカー同士で組んでいた流通や価格の壁を見事ぶち壊し、現在のオートバックスを作り上げたのである。

しかし、まだまだ自動車業界には、おせっかいともいえる規制が多過ぎるのが現状だ。

整備や車検事業をはじめた際にも、新規参入に対する業界の壁というものが立ちはだかった。

これらを実施するためには、それぞれ役所指定の認証資格が必要になってくる。

そして、それらの基準がなかなかに厳しい。

現在、車検・整備サービスを自店舗で行っているのは、全五〇〇店舗のうちの四〇〇店ほどだ。

「いずれは全店で車検・整備サービスを」と考えているが、現段階では、用途や地域の規制で資格が取れない店舗があるのが実情だ。

国や役所としても、規制をむやみやたらになくしてはいけないという事情があるのはよくわかる。

だが、それが消費者の利便性や楽しみを奪う根本ともなっているのは間違いない。消費につなげるという意味でも、できるかぎりの規制の緩和を、これから期待したいところである。

海外にも目を向けよう

世界に自分たちのスタイルを発信せよ

オートバックスの大義の一つは、「世界中のドライバーを車好きにする」ことである。つまり、世界中、車のあるところにはオートバックスを出店させなければならない。インターネットが普及して世界が一つにつながったとはいえ、やはりオートバックスの理念を発信する拠点としての店舗は必要なのだ。

日本のマーケットにこれ以上の拡大が望めない以上、海外に進出するのは企業戦略としても当然の流れである。リスクは多分にあるが、どんな業種でも多かれ少なかれ、これからは海外というものを視点においていかなければならないだろう。

オートバックスの海外第一号店は、一九九一年（平成三年）五月、台湾にオープンした。以後、シンガポール、タイ、フランス、アメリカ、中国と出店を重ね、現在海外には、スーパーオートバックスを含め計二〇店舗が存在する（二〇〇七年一月現在）。

海外展開を通してつくづく感じさせられたのは、「車に愛情を注ぎ込む文化というのは、日本人独特のものなのだ」という事実だった。

例えば家で犬を飼うときに、番犬としてなど、人間の役に立たせようと思って飼うのか、それとも、純粋にペットとして可愛がろうと思って飼うのか――。どちらが正しいあり方ということは決してないのだが、おそらく犬を飼っている多くの人々の中では、後者のほうが多数派だろう。

日本人は、このペットに対するのと同じような考え方を持って、車をわが愛車として大切にすることのできる人種なのだ。

ところが特に欧米人の間には、「車は便利な道具」という認識が強く存在する。わざわざ時間を割いてまで、車を熱心に洗車したりするような人は、日本人に比べるとはるかに少ない。そんな彼らに、さまざまなカー用品、カーアクセサリーの必要性というものを感じさせるためには、まずはその車に対する認識を改めさせなければならない。と同時に、オートバックスというお店の存在も認知してもらう。いうまでもなく、これは相当骨の折れることだ。

例えばフランスでは、ルノーとの合弁会社という形ではじめ二店舗を出したのだが、うち一店舗は閉めることになってしまった。だが、店を出さなくては車文化の発信、認知度の向上ともゼロのままになってしまうから、これにめげずに、一店舗一店舗まずはしっかりとやっていかなくてはならない。

一方で、逆に東南アジア諸国についていえば、人々の車に対する価値観は日本人と比較的似たものを感じるところがある。

これらの国々での今後の成功のカギを握るのは、店長クラスの人材育成だ。また、国内の同業ライバルたちが同じように海外進出し、需要の食い合いもこれから加速していくだろう。そうした課題さえ乗り越えることができれば、日本国内と同じように多店舗を展開していくことも、十分に可能だと僕は考えている。

いずれにしても、やるべきことというのはどこの国においても何ら変わりはない。国内よりもよけいに時間はかかるかもしれないが、それを徹底しさえすれば、必ず自分たちのスタイルが受け入れられるものと確信している。

Part 6

後継者育成編

——成功の秘訣は「早めの対策」

二代目の極意

一族支配の是非を考える

会社は公器、子供は世間からの預かりもの

僕も六〇歳を間近に控え、そろそろ自分の後継ということを考えなければいけない年齢になってきた。

しかし、自分が二代目として事業を敏郎から引き継いでおいてこんなことをいうのも何だが、僕は自分の子供を三代目にするつもりはさらさらない。

すでに二〇〇五年（平成一七年）あたりから少しずつ準備を進め、外部コンサルタントを活用した面接、社内「指名委員会」での話し合いを経て、社員の中から後継者候補を三名に絞り込んだところだ。

彼らを選んだ最初の基準は、まず何よりも年齢だった。自分よりも最低一〇歳は若い人間。そうでなければ、会社の若返りにはならないからだ。

もちろん、それに加えてその人の能力を考慮した。社内全体を広く見渡すことのできる高い視点を持ち、物事を遂行するパワーと実行力を持ち、かつ言葉や自らの行動によって人をひきつけることのできる人間でなくてはならない。

こうして選んだ結果、おそらく多くの社内の人間にとって、納得の選出となったのではないかと思っている。

このような後継者選びを行う背景には、僕なりの考えがある。

株式上場をしている以上、世襲によってトップの人事が決まり、一族が株主を差しおいていつまでも実権を握るというやり方は、やはり矛盾があるのではないかと考えたからだ。役員をはじめとした社員たちに対しても、

「俺たちはいくらやってもむくわれない」

というような無力感、疎外感を感じさせてしまうことにもなりかねない。

純粋に実力だけを考慮して、その上で公平に判断するといっても、血を分けた息子とそれ以外の社員を同じ目で見られないことは、自分自身が一番よくわかっている。

周囲の意見を求めたところで、例えば僕が、

「君の目から見て僕の息子はどうやろ？」

などと聞いたら、皆気を使って、

「いや、素晴らしい息子さんです」

というに決まっているではないか。

それならいっそ、最初から息子には継がせないと決めてしまったほうが、よっぽど簡単である。

僕の考えでは、会社はあくまで公器、なのである。息子が優秀ならばまだいいが、それがはっきりとわからないかぎりは、やはり盲目的に後継者と決めつけてしまうのはいかがなものか。仮にダメなら、社員にとっても、株主にとっても、お客様にとっても、そして何より本人にとっても、不幸な結末を迎えてしまうことになる。

子供は預かりものである。

親の役割は一人立ちできるように育てるところまで。それ以上になったら、世間に返さなければならない。僕はそんなふうにいま考えているのだが、はたして読者の方々はどうお考えになるだろうか。

「次は俺」と自覚させることが最大の後継教育

後継者のキャリアをマネジメントせよ

どうしても息子に後を継がせたいという人に対して、それ以上ああだこうだというつもりはない。肝心なのは、継がせると決めた以上、なるべく早く自分のもとからいったん放り出し、さまざまな経験を積ませた上で、「次は俺なんだな」とはっきり本人に自覚させることだ。

ほかの会社のことはよくわからないが、僕は実際にそのようにされ、それが結果としてよかったと感じているから、こういうのである。

先にも述べたが、僕は元々、大学卒業後はアメリカの部品会社に就職する予定だった。それが、先方のオーナーが亡くなったことで急遽予定が変更になり、大豊産業に入社することになった。

敏郎は、入社直後、僕を貿易課へ配属した。そこで僕は、船積み書類をつくるためにはじめてタイプライターというものを学び、商業英語ではあるが、とりあえず英語も話せるようになった。そして、世界のカー用品を直輸入すべく世界中を歩き回った。これらは、僕にとって非常に大きな経験だったといえるだろう。

三年ほどそうやって貿易課で過ごした後、僕は敏郎の勧めもあって、ビジネススクールに通うことになった。学んだ内容が役に立っているかどうかは別としても、

「自分は将来経営者になるんや」

ということを改めて自覚するようになったという意味で、これも僕にとっては決してムダではなかった。

そうしてビジネススクールを出て会社に復帰すると、今度は、小売店の店長として一年間の現場配属を命じられた。ここで、現場の重要性というものを身をもって感じさせられたわけである。

それから後は、敏郎は一切僕に対する人事についてノータッチだった。

「学ばせるべきことは一通り学ばせたんやから、後は自分で考えてやれや」

ということだったのだろう。

帝王教育というほどのものでもないが、これまでのこうした敏郎の配慮があったからこそ、僕はいま何とか、二代目として経営をやってこられているのだ。

後継者の性格も得意分野も人それぞれだし、個人差はあると思うが、継がせる側として、ある程度後継者のキャリアをマネジメントしていくことも、やはり必要なのではないかと僕は思う。

そのためにはやはり、何といっても、後継者を早い段階でこの人間だと確定しておくことが重要になってくる。一人に決めるのが難しければ、現在のオートバックスセブンがそうであるように、とりあえず複数の候補者に目星を付けておくだけでも構わない。

いざ実際に継承という話になれば、税金の問題も発生してくることになる。自社株を公開していない、株を現金に替えられない中小企業ともなれば、なおさら早めの準備が必要不可欠だ。

直前になって、それから慌てて準備をはじめるようでは、スムーズな代替わりはなかなか難しいといわざるを得ないだろう。

二代目の極意

仕事以外の趣味を持たせよう

重要なのは「帝王教育」よりも「人間教育」

大学入学時にはじめたから、僕がチェロを弾くようになってかれこれ四〇年が経過したことになる。いまでも週に一回は必ず手に取り、人前でも年数回は演奏する機会がある。

カー用品店を経営しているのだから、車が好きなのは当たり前。だから「趣味は？」と尋ねられたら、僕は迷わず「チェロです」と答えることにしている。

自分が演奏をするのも、他人が演奏をするのを聞くのも、とにかく僕は音楽が大好きだ。いったん音楽の話をだれかとはじめると、もう止まらなくなってしまう。当然、車の改造で一番お金をかけるのもオーディオ機器だ。そうやって自分がオーディオにこだわるから、

「お客様にも、もっと車の中で音楽を楽しんでほしい」

と思い、熱を入れて「商売」することができる。自分がさまざまなことに「ワクワ

ク」できる人間でなくては、他人に「ワクワク」を与えることなどできないのだ。

またチェロを通して、僕は人生の師匠ともいうべき存在に出会うことができた。大学のオーケストラに入った当時、そこで指導員をしていた東海《とうかい》正之氏である。

氏が口癖のようにいっていたのが、

「チェロは猿回し、バイオリンが猿だ」

ということだった。猿は確かにお客様の注目と喝采を集める主役だが、その猿に演技をさせているのは、実はだれも注目することのない猿回しなのである。

同じように、オーケストラの主役は確かにバイオリンだ。だがそれでも、だれかがチェロを弾かなければ、バイオリンも引き立たないし、演奏自体がダメになってしまう——。そんなことを氏はいいたかったのだろう。そして、この氏の言葉を受けて、今度は僕が社員たちに、

「会社にはチェロもバイオリンも必要だ。みんなが主役なんだ」

と、現在講釈しているわけである。

教えてもらったのはチェロだけではない。氏は無類の車好きで、僕に車からオートバイまでの運転方法を教授してくれたのだ。

「譜面を見るように標識を素早く確認しろ。リズムとテンポを保つんだ」

それから四〇年。師弟関係は現在も続いており、今度は顧客として、オートバックス店舗の品揃えや接客態度などについて、貴重なご意見、アドバイスをいただいている。

このように、僕がこれまでチェロから学び、得たものというのは非常に大きなものだった。チェロから音楽の楽しさを学び、チェロから会社経営に必要なことを学び、チェロから貴重な出会いを得た。特に東海氏との出会いは、得ようと思ってもなかなか得られるものではない、僕にとってまさにかけがえのない運命の巡り合わせであった。

「趣味」だから決して強制であってはならないが、自分の子供たちにも、何か一つくらい趣味を見つけられるようお手伝いしてきたつもりだ。長女はやはり東海氏の生徒となり、結局氏には親子二代に渡ってお世話になった。

「後継者」を育てる帝王教育も結構だが、それよりももっと大切なのは、実は「人」を育てる人間教育だと僕は思うのだ。

MBA流の弊害を理解せよ

現場知らずの頭でっかちを育てるな

僕もそれに近い教育を受けてきたのだが、企業の二代目社長には非常にMBA（経営学修士）取得者が多くなっている。どこの親も考えることは同じで、「自分たちのころはそんなものは必要なかったが、これからの時代は違う。経営にも専門的な知識が必要となってくる。行ってしっかり勉強してこい」などといい、息子や娘を送り出すのだろう。

だが実際のところ、自分自身の経験と照らし合わせてみても、それほどMBAが役に立つものとは思えないのだ。少なくとも僕の場合においては、MBAよりも現場経験のほうがずっと経営のためになった。

ビジネススクールで学ぶ理論や知識というのは、あくまで一つのセオリーでしかない。それが実際にそのまま当てはまるかどうかは、そのときの状況次第で毎回異なってくることになる。

「ここはこれでいいのか？　それともこうすべきなのか？」

判断が微妙になればなるほど、現場で叩き上げられた経験が生きてくることになる。

経営者がしんどいのは、まさにそこのところの判断を自分の責任においてやらなければならないからだ。

もしこの責任を放棄して、

「ビジネススクールの授業ではこういっていたから」

という理由だけですべての物事を進めていけるのなら、こんなに楽なことはないだろう。だが現実は、なかなかそういうわけにはいかないのである。

思うに、世の多くの若き経営者たちは、イマイチそうしたことを理解できていないのではないか。あたかも、

「ＭＢＡを持っていることがオレの誇り」

とでもいわんばかりにその権威を振りかざし、ＭＢＡ流の経営スタイルを前面に押し出そうとする。

特に事業を受け継いだ二代目などは、

「ＭＢＡこそが、偉大な先代に自分が勝てるところ」という意識が働くのか、いっそうその傾向が強い。譲るべきところも譲らず、意見を聞くべきところも聞かず、小手先の数値管理やテクニックに頼り、自分の色を出そうとともにかく猪突猛進する。ＭＢＡを絶対的なものと思い込むことにより、自分の実力までを過大評価してしまっているのだ。

気持ちはよくわかるが、そんなことで会社がうまくいくわけがない。後継者は、先代の創業者と張り合おうなどと考えてはならないのだ。だれかに比較されたら、「親父のほうがすべてにおいて上なんだ」と認められるくらいの「強さ」を持たなければならない。僕は、敏郎が亡くなる少し前くらいに、ようやくそう思うことができた。

ＭＢＡとは、あくまでビジネスのための「道具」に過ぎない。料理でいえば、包丁やまな板のようなものである。料理の、ビジネスの何たるかを知らない人間がそれを振りかざしても、決していい結果は生まれない。自身の後継者にＭＢＡを取得させようと思うのならば、そのことを一度しっかりと認識しておくべきだろう。

二代目の極意

事業ではなく「精神」を引き継がせろ

後継者は「先代の背中」を見て育つもの

時代遅れなどともいわれるが、僕はオーナー経営にはオーナー経営のよさがあると思う。意志決定の早さ、明確な責任の所在……。いわゆるサラリーマン社長を擁する経営と比較しても、オーナー経営にはずいぶんと強みになる部分が多いような気がする。

その中でも最も大きいのは、一貫した経営理念のもと、社長が全人格的なリーダーシップを発揮することで、利益追求のみに走らない、より長期的な視野に立った経営――よい意味でのオーナーシップ経営ができることではないだろうか。

実際、オーナーシップ経営がうまくいっている会社では、企業不祥事が少ないという。

だからこそ、事業を継承させる際には、後継者にしっかりとベースになる企業理念を伝えておかなければならない。オートバックスの場合でいえば、それは、

「車好きのユートピアを創ること」

「世界中のドライバーを車好きに変えること」

という二つの大義であり、

「お客様のために挑戦を続ける」

という敏郎時代以来の企業としてのあり方である。

長く続く老舗オーナー一家などには「家訓」が存在するところも多いと思うが、この「家訓」を通して後継者に伝えるべきことを伝えていくのも、一つの手段だろう。


ただ僕の場合は、息子ではなく社内のだれか別の人間に後を継がせることを決めたこともあり、その「家訓」をより普遍的な「社訓」として、社内全体に浸透させていかなければならなかった。

そうしてできたのが、チェン運営の基本姿勢を明確に示した「チェンバイブル」であり、社員一人一人の意識を高めるためにつくった「Aメソッド」である。

さらに、「カーライフ総合研究所」という子会社組織をつくり、そこで直接理念を指導することも行っている。

いずれにしても、こうしたものはただ言葉をつくって、伝えればいいというものではない。いくら素晴らしい言葉をつくっても、いっていることと実際のトップの行いが一致していなければ、

「何だ、ただ書いてあるだけじゃないか」

となり、後継者にも社員にもその精神は伝わらない。

トップ自らが、その内容をしっかりと守っていること、体得していることを身をもって示してこそ、「家訓」や「社訓」というものは有効となるのだ。

後継者というものは、それが自分の子息であろうがなかろうが、結局のところ「先代の背中」を見て育つものなのである。

本文注釈

シアーズ社

アメリカに本部を持つ百貨店。かつてはシアーズ・ローバック社によって展開され、一九八〇年代までは全米一の小売業者として繁栄を誇った。その後業績不振に陥り、現在では同業の「Kマート」に吸収合併された形で、シアーズ・ホールディングスの傘下にある。

チエン

「チェ（ー）ンストア」「チェ（ー）ン店」のこと。一定の統一性を持った複数店舗の集合体のことを指す。オートバックスの場合は、一部直営店をのぞきその多くが、出資者を募って店舗を設置するフランチャイズ形態を採っている。

スーパーオートバックス

従来のオートバックスをさらに大規模化した、「エンタテイメント・カーライフ・メガストア」。カー用品以外にも、アメリカン小物雑貨や音楽CD、書籍などを販売。単なるものだけではなく「ワクワク」を売るお店として、車好きの人々のカーライフをトータルにサポートする。

オフィサー

英語の「officer」。直訳は役員となるが、通常オフィサーという場合には、バイス・プレジデント（上級副社長）より下の執行役員としての意味で使われることが多い。オートバックスセブンでは、二〇〇六年（平成一八年）現在、事業ごとに計一二人のオフィサーがおかれている。

リモコンエンジンスターター

運転席でキーを差し込まなくても、家の中や買い物中のお店の中などから、手元のリモコンのスイッチを押せば車のエンジンをかけられる装置。

ＰＢ商品

プライベート・ブランド商品の略。日本語では「自主企画商品」と訳される。一定規模以上のチェンストアなどが、販売力を背景にメーカーと共同で商品開発・企画を行い、自社のブランド名を付けて販売する商品のこと。

クーラント

車のエンジンを冷やすための液体。ラジエーターの中に満たして使用する。凍ってしまうとラジエーターを破損してしまうので、凍らない不凍液となっている。

あとがき

「先人の為《な》す所《ところ》を為さず、先人の求める所を為す」

僕が会社を預かるときに念頭においたのが、この言葉だった。そしてこの言葉通り、創業者のやり方を否定するわけではないが、時代や環境が変われば手法も変えるべきだと、やり方を変えてきた。

また、元エクソンの広報部長で、後に日本リテイリングセンターのコンサルタントとなった柴崎菊雄先生に教わった、老子の第一七章の次のような話がある。

農民に、この国がなぜうまくいっているかという質問をしたところ、

「それは君主様が立派な方だから」

という答えが返ってきた。しかし、別の国で同じ質問を農民にしたところ、

「それはなぜかわからないが、たぶん我々が真面目にしっかりやっているからだろう」

と、その農民は答えた――。

優れているのは後者であり、為政者は自分の政治の痕跡を残してはいけない、という教えのようである。

確かにそうなのだろう。だが、僕はむしろ次のように解釈した。

一人一人の国民が、自分たちの努力によって国の安定が保たれているという実感を持っていることこそが大事なのだ、と。

国と会社という違いはあるにせよ、僕は常々、こう人々（従業員）が感じるようにしたいと思ってきた。そこで僕の掲げた新しいやり方が、本書で紹介してきた「自主・自発・自律」なのである。

本を出さないかというお話を東洋経済新報社さんからいただいたとき、僕はだいぶ迷った。まだわが社も僕自身も、発展途上のまったく完成されていないものであり、成功例として読者の方々にご紹介できる現状ではないのではないか、という思いがあったからだ。

しかし一方で、悪戦苦闘しながらも企業風土が少しずつ変わり、再成長のシナリオが見えてきたのも確かだった。そのことを指摘され、出版を説得されるにつれ、ここで僕の経験をご披露し、何らかのお役に立てるならばよいことではないか、と思うようになってきた。特に、世の中の多くの事業継承者にとって何らかのヒントになるのでは、という思いもあった。

そして、このような形で自著を出版することになったわけである。


本文を読んでいただいておわかりいただけたと思うが、「アホな二代目」の僕がここまで来られた要因は、自分の力などではなく、さまざまなよい条件が揃っていたということにつきる。

まず第一に、オートバックスというビジネスモデルが非常にしっかりとしたものであった。

第二に、創業者が早い時期から後継者問題を課題化し、そのための手を打ってきていた。

第三に、後継者としての自覚を早くから持ち、創業者を頼りにせず、自分の力で方向付けと準備をすることができた。

第四に、後継者として、創業者が採ってきたマネジメントスタイルを継承せず、自分の感性と判断で新しいマネジメントスタイルに転換できた。

第五には、創業者の姿勢であるチャレンジ精神が社内のＤＮＡと呼べるまでに根付き、挑戦することが現在でも当たり前になっている……。

その意味で、このようなよき環境をつくり残してくれた故住野敏郎には、心から感謝したい。

また、本書を上梓するに当たっては、東洋経済新報社、風工房、弊社広報部の皆さんにお世話になった。あわせて、日ごろ僕を支えてくださっている先輩、社員、フランチャイズの皆様にも、この場を借りて心より感謝申し上げたい。

二〇〇七年一月

株式会社オートバックスセブン　代表取締役ＣＥＯ　住野　公一

著者紹介

1948年1月28日大阪市生まれ．70年立命館大学経済学部卒業後，大豊産業（オートバックスセブンの前身）入社．貿易部で経験を積んだ後，慶應義塾大学ビジネススクール1年制教育課程修了．その後，87年常務取締役，88年代表取締役専務，90年代表取締役副社長を経て，94年代表取締役社長に就任．2002年代表取締役ＣＥＯとなる．

アホな二代目につけるクスリ

2007年1月26日 発行

著 者 住野公一《すみのこういち》

発行者 柴生田晴四

〒103-8345
発行所 東京都中央区日本橋本石町1-2-1 東洋経済新報社
電話 東洋経済コールセンター03(5605)7021 振替00130-5-6518

印刷・製本 図書印刷

Printed in Japan ISBN 978-4-492-50167-2 http://www.toyokeizai.co.jp/

［新版］

ミッション経営のすすめ

Toward Mission-Driven Management

ステークホルダーと会社の幸福な関係

小野桂之介…著

本業で社会貢献するからこそ、企業は繁栄する！

使命感（ミッション）にもとづいた経営が、顧客満足・従業員満足を高めると共に、株主価値・企業価値の向上をもたらす――数多くの事例研究をもとに「ミッション経営」の理論と実践を解説した決定版。

本書の内容

定価（本体1,800円＋税）
ISBN4-492-55538-2

東洋経済新報社